Michal Anovcin
Eduard Pintér

Avaliação do rendimento das uvas de castas seleccionadas após rejuvenescimento

Michal Anovcin
Eduard Pintér

Avaliação do rendimento das uvas de castas seleccionadas após rejuvenescimento

ScienciaScripts

Imprint

Cover image: www.ingimage.com

This book is a translation from the original published under ISBN 978-620-2-00675-0.

Publisher:
Sciencia Scripts
is a trademark of
Dodo Books Indian Ocean Ltd. and OmniScriptum S.R.L publishing group

120 High Road, East Finchley, London, N2 9ED, United Kingdom
Str. Armeneasca 28/1, office 1, Chisinau MD-2012, Republic of Moldova, Europe
Printed at: see last page
ISBN: 978-620-7-78275-8

ÍNDICE DE CONTEÚDOS

Abstrato

O objetivo da tese era conhecer o rendimento de 4 castas diferentes após a poda de rejuvenescimento. Foram escolhidas duas castas brancas (Sauvignon e Feteasca Regala) e duas castas tintas (Blaufrankisch e Saint Laurent). A experiência teve lugar na vinha da aldeia de Pukanec, que pertence ao distrito de Pukanecky, na zona vitícola de Nitra.

O objetivo da experiência era comparar 2 métodos de poda com carga de 16 gomos (variante A) juntos em 2 canas e poda com 22 gomos florais juntos em 2 canas. Os arbustos experimentais foram cultivados em sistema de carga média, tipo Pendelbogen, com o sistema de poda tipo Guyot. O espaçamento foi de 1,6x1m. Verificámos que o rendimento médio foi mais elevado nas castas tintas, tal como nas castas brancas com a poda a 22 gomos e com a poda a 16 gomos no arbusto. O rendimento médio mais elevado no arbusto foi observado na variedade Blaufrankisch (7,53 kg) no arbusto com poda de 22 gomos e 5,73 kg no arbusto com 16 gomos. A variedade Saint Laurent tem um rendimento médio no arbusto de 7,26 kg com a poda de 22 gomos e de 5,68 kg com a poda de 16 gomos. Estatisticamente, verificámos que estas duas variedades formam um grupo homogéneo e que as variedades de uvas para vinho branco formam o segundo grupo homogéneo. A casta Sauvignon teve um rendimento médio com a carga de 22 gomos de 5,82 kg no arbusto e com a carga de 16 gomos teve um rendimento médio de 3,97 kg no arbusto. A casta Feteasca Regala teve um rendimento médio de 5,8 kg com a carga de 22 gomos e de 3,76 kg com a carga de 16 gomos.

O segundo objetivo da tese de licenciatura foi avaliar as vinhas produzidas a partir desta vinha. Foram produzidas 3 vinhas secas (Blaufrankisch, Saint Laurent e Sauvignon) e 1 vinha semi-doce (Feteasca Regala). Todas estas vinhas satisfazem todos os parâmetros químicos e físicos dos produtos vitivinícolas enumerados no decreto do Ministério da Agricultura da República Eslovaca sobre Viticultura e Enologia de vinhos de qualidade.

Saint Palavras chave: *Vitis Vinifera,* Laurent, Blaufrankisch, Sauvignon Feteasca Regala, fertilidade, composto de vinho

Ciel'om diplomovej prace bolo zistit' urodu na 4 vybranych odrodach vinica hroznorodeho po zmladzovacom reze. Hodnotili sme 2 biele mustove odrody (Sauvignon a Pesecka Leanka) a 2 modre mustove odrody (Frankovka modra a Svatovavrinecke). Pokus prebiehal vo vinohrade v obci

Pukanec, ktora patri do Pukaneckeho rajonu v Nitrianskej vinohradnlckej oblasti.

Ciel'om pokusu bolo porovnat 2 sposoby rezu podl'a dlzky, a to rez na 16 pucikov dokopy (variant A) na dvoch t'aznoch a rez na 22 pucikov (variant B) na dvoch t'aznoch. Pokusne kry boli pestovane v systeme stredneho vedenia, typu rynsko-hessenske s Guyotovym typom rezu so sponom 1.6x1 m. Zistili sme, ze vacsia priemerna uroda bola na modrych mustovych odrodach ako na bielych mustovych odrodach pri reze na 22 pucikov, tak aj pri reze na 16 pucikov. Najvyssiu priemernu urodu zaznamenala odroda Frankovka modra a to 7.53 kg na ker pri reze na 22 pucikov a 5.73 kg na ker pri reze na 16 pucikov. Odroda Svatovavrinecke mala pri reze na 22 pucikov priemernu urodu 7.26 kg na ker a pri zat'azenl na 16 pucikov bola uroda 5.68 kg na ker. Statisticky sme zistili, ze tieto 2 odrody tvoria jednu homogennu skupinu a biele mustove odrody tvoria druhu homogennu skupinu. Tam bola priemerna uroda pri zat'azenl na 22 pucikov u odrody Sauvignon 5.82kg na ker a pri zat'azenl na 16 pucikov bola priemerna uroda 3.97 kg na ker. Pri odrode Pesecka Leanka bola priemerna uroda 5.8 kg na ker pri zat'azenl na 22 pucikov a 3.76 kg na ker pri zat'azenl na 16 pucikov.

Druhym ciel'om diplomovej prace bolo zhodnotit vyrobene vlna so spomlnaneho vinohradu. Vyrobili sme 3 suche vlna (Frankovka modra, Svatovavrinecke a Sauvignon) a 1 polosladke vino (Pesecka Leanka). Vsetky tieto vlna splnili vsetky poziadavky na fyzikalne a chemicke vlastnosti vinarskych produktov, uvedenych vo Vyhlaske Ministerstva podohospodarstva Slovenskej republiky.

Kl'ucove slova: *Vitis vinifera,* Svatovavrinecke, Frankovka modra, Sauvignon, Pesecka Leanka, urodnost, zlozenie vlna

Introdução

Decidi resolver este tema porque a viticultura na Eslováquia era muito difundida e reconhecida, mas a situação atual está a piorar. A área total de vinhas está a diminuir, assim como o número de empregados na vinicultura. A cultura da vinha tem uma longa tradição na Eslováquia. Tem grande importância cultural e social e emprega muitas pessoas das regiões vitícolas. A viticultura cresceu consideravelmente desde 1927, altura em que as superfícies quase duplicaram e foram criados novos locais de transformação. As áreas e a quantidade de produção são insignificantes em relação ao resto do mundo, mas os viticultores e produtores de vinho eslovacos são uma parte importante da comunidade internacional.

O cultivo e a transformação das uvas, bem como a produção de vinho, são determinados pela área de cultivo. A Eslováquia é um país do interior, um dos países mais setentrionais da Europa, onde as condições climáticas e geológicas para o cultivo da vinha são adequadas. É por esta razão que os vinhos eslovacos são únicos e originais. As vinhas estão concentradas nas regiões meridionais do nosso país. A região vitivinícola eslovaca está dividida em 6 zonas vitivinícolas, 40 regiões vitivinícolas e 603 aldeias vinhateiras. Cada zona tem uma história distinta e condições naturais específicas. A viticultura tem um impacto positivo na paisagem, no desenvolvimento económico das zonas rurais, mas também no ambiente. Atualmente, o sector da viticultura está em risco na Eslováquia.

A área total de vinhas diminuiu todos os anos (exceto em 2015), pelo que muitos vinhos estrangeiros chegaram ao nosso mercado. A produção anual de uvas e de vinho está a diminuir todos os anos, o que significa que existe uma dependência das importações estrangeiras. As principais causas desta situação são: os elevados custos de produção, o abate de vinhas (42% das vinhas produtivas têm mais de 20 anos), o elevado investimento na instalação de vinhas (a instalação de 1 ha de vinha custa cerca de 30 000 euros)

Por conseguinte, recomendo que se cultive nas vinhas de regeneração, para evitar custos elevados. Os viticultores eslovacos devem seduzir os seus clientes com vinhos de alta qualidade.

Capítulo 1

VISÃO GERAL DO ESTADO ACTUAL DO PROBLEMA RESOLVIDO

1.1 O estado atual da vinicultura na Eslováquia

O estado atual da vinicultura na Eslováquia é o resultado da gestão da organização. A combinação da investigação e da prática criou condições adequadas para o cultivo de cultivares de vinha para a produção de vinho em novos sistemas de formação e aplicação de novas tecnologias. As vinhas têm as condições ecológicas adequadas na Eslováquia. Isto significa que as uvas podem amadurecer e atingir um equilíbrio ótimo entre o teor de açúcar e de ácido. Os actuais viticultores e produtores fizeram grandes progressos e combinam a experiência adquirida com a tecnologia moderna (Zaruba, 2000).

Os consumidores eslovacos afirmam preferir os vinhos produzidos na Eslováquia, que são de melhor qualidade e, por conseguinte, mais caros. Dos vinhos importados, os consumidores eslovacos preferem vinhos mais baratos. Por conseguinte, os produtores eslovacos centram-se sobretudo na qualidade do vinho. A República Eslovaca deve pôr termo ao declínio das áreas de vinha.

A superfície total das vinhas aumentou após 9 anos. Cerca de 85 ha, o que representa 0,8%. A área de vinhas não frutíferas também aumentou, cerca de 151 ha (7,1%), mas a área de vinhas frutíferas diminuiu cerca de 66 ha (0,6%). As vinhas de fruto ocupam 79,5% da superfície total.

Quadro 1 Estado das vinhas na Eslováquia (após 4 anos)

ano	Vinhas juntas	Vinhas frutíferas	Vinhas não frutíferas
2011	13 954	10 226	3 727
2012	12 616	10 612	2 003
2013	11 773	10 341	1 432
2014	11 074	8 939	2 135
2015	11 159	8 873	2 286

O rendimento médio /ha foi o mais elevado desde 1990. Foi de 5,7 t/ha. O rendimento total foi superior em cerca de 11.708 t em 2015.

Quadro 2 Evolução da área colhida de videiras frutíferas, produção e rendimento médio

ano	Vinhas juntas		
	Área (ha)	Produção (t)	Rendimento médio (t/ha)
2011	9 930	49 015	4.94
2012	10 492	52 209	4.98
2013	10 039	53 227	5.3
2014	8 757	38 450	4.4
2015	8 803	50 158	5.7

1.2 Partes da planta da videira

Os órgãos acima do solo da videira dividem-se em partes lenhificadas (madeira velha, madeira de dois anos e madeira de um ano) e partes verdes do arbusto (um ramo / rebento de verão, folha, rebento axilar, gavinhas, flores - inflorescência / frutos - bagas). As partes subterrâneas são formadas pelo sistema radicular (Pavlousek, 2007).

1.2.1 Superfície da vinha uva - copa

As partes lignificadas permitem a ligação da parte radicular com as partes superiores do solo. Além disso, contêm tecido vascular, utilizado para o transporte de nutrientes e como suporte (Vanek, 1985).

A madeira velha é a parte lenhosa do arbusto que tem mais de dois anos. A madeira velha de um arbusto de videira completamente desenvolvido forma o tronco ou a cabeça. Aí se armazenam substâncias e nutrientes (hidratos de carbono e minerais). Estes materiais permitem uma melhor invernada, promovem o crescimento e a produção do arbusto e melhoram o desenvolvimento da área foliar da videira. A casca (casca descascada) é facilmente reconhecível, é castanha escura a cinzenta escura e descasca-se em tiras. Na madeira velha há muitos botões dormentes que brotam se for necessário. O tronco no nosso estado tem 0,5-1,8 m de comprimento e não tem ramos. Também é necessário minimizar a quantidade de cortes para uma rutura mínima dos tecidos vasculares (prejudicar o acesso de nutrientes e doenças de entrada e moldá-los) (Pavlousek, 2007).

A madeira de dois anos cresce a partir da madeira velha e dá origem a madeira de um ano (madeira de frutificação).

A madeira com um ano de idade (madeira frutífera) cresce a partir da madeira com dois anos de idade. Os tipos de madeira de um ano são: cana, meia-cana ou esporão. É mais escura e mais espessa que a madeira de dois anos. A madeira de um ano é lenhificada num ramo no final da estação de crescimento. A madeira de um ano que cresce a partir de madeira com mais de dois anos não é considerada como madeira frutífera (pode ser ligeiramente frutífera ou não frutífera). Por conseguinte, está a sair apenas madeira de um ano da madeira de dois anos. Trata-se de uma madeira frutífera e, por conseguinte, é-lhe retirada uma parte para regular o crescimento e a fertilidade. A madeira deixada após a poda de inverno forma-se. Dos seus gomos nascem os ramos (rebentos de verão) que dão os frutos. É constituída por nós e entrenós (Pavlousek, 2007).

O nódulo é um local espessado na madeira com um ano de idade. Há acumulação de substâncias de reserva. O comprimento dos entrenós depende da variedade e das condições de crescimento. Depende também da carga e da modelação. No nó encontra-se o tecido parenquimatoso que divide o núcleo entre as células. Aumenta a resistência dos rebentos, serve de repositório de substâncias de armazenamento e forma a camada protetora do cerne. A madeira é oval e tem dois lados a todo o comprimento do caule, um com o outro alternadamente (Hronsky, Bernath, Duris, 2002)

Os gomos. São as partes geradoras basais da videira e são construídos alternadamente. O exterior do gomo é coberto de escamas e o interior é preenchido com feltro. Esta embalagem protege o gomo das geadas. Classificamo-los em 3 tipos: invernal, latente (adormecido) e lateral.

Os rebentos de inverno. Estão na madeira com um ano e fazem uma base de fertilidade na vinha. Os pacotes são flocos castanhos que mais tarde se tornarão rudes. A sua criação ocorre durante a estação de crescimento. A partir do gomo principal desenvolve-se um ramo principal que deve estar completamente desenvolvido e ter como base maior número de folhas, gavinhas e inflorescências. Há a iniciação e diferenciação dos gomos de inverno no primeiro ano e o início do abrolhamento (início do crescimento) no segundo ano. A partir dos gomos de inverno podem crescer até 3 rebentos de verão (ramos), mas geralmente são reduzidos a um (Pavlousek, 2007).

Os botões adormecidos: São botões acessórios transformados que começaram a crescer. Isto acontece frequentemente quando o botão principal é danificado por uma geada de -20 °C. Localizam-se principalmente na madeira velha e podem começar a crescer depois de vários anos.

Os botões laterais são criados inicialmente a partir das axilas das folhas nos ramos num período de crescimento intensivo. Durante a vegetação, a parte da planta que se forma recebe o nome de rebento lateral.

As folhas são partes acima do solo (verdes) da planta trepadeira que desempenham múltiplas funções. Progridem na sua fotossíntese e a planta recebe dela substâncias importantes para o seu crescimento e desenvolvimento. A respiração é feita quando a planta consome assimilados, obtém oxigénio e constitui água e dióxido de carbono. É a parte reguladora da transpiração da planta da vinha. A sua cor é verde a verde-violeta, com várias tonalidades. A lâmina da folha é serrilhada e lobada e é constituída por cinco nervos principais, com uma rede de nervos ramificados. A forma da folha é diferente consoante as variedades e pode também servir para reconhecer caracteres (Pavlousek, 2007).

Rebentos laterais. São ramos laterais, que crescem a partir de gemas laterais. A sua estrutura é semelhante à dos ramos principais, mas a formação de inflorescências não é regular. Na prática, os rebentos laterais na zona dos cachos são retirados para uma melhor iluminação. Os assimilados formados nos rebentos laterais serão transferidos para o cacho mais próximo, onde aumenta o teor de açúcar (Bernath, 2002).

Flores - inflorescências. A inflorescência na trepadeira é um racemo. 1-3 inflorescências encontram-se geralmente nos ramos. O tamanho depende da variedade e podem conter até 300 flores. As flores da videira são andróginas, com estames e pistilos bem desenvolvidos. São auto-polinizadoras. A formação da inflorescência tem lugar num ciclo de dois anos. No primeiro ano tem lugar a indução, a iniciação das flores e o início da diferenciação. No segundo ano completa-se a diferenciação das próprias flores e a frutificação. A formação da flor depende da variedade, das condições naturais e do maneio da vinha. A intensidade da floração é muito importante para a iluminação. Existem as chamadas formas de transição entre gavinhas e inflorescências, porque emergem da base do meristema (Pavlousek, 2007).

O cacho: O cacho é constituído por panículas, caules e bagas. É responsável pela formação de uma inflorescência após a polinização e a fertilização. O comprimento do cacho depende da variedade e das condições de crescimento (Pavlousek 2007).

Inflorescência (racemo): É constituída por um eixo principal que forma o esqueleto com o caule e os ramos laterais constituídos por pedúnculos e bagas. O racemo contém 75-80 % de água, 7-10 % de substâncias lenhosas, 1-3 % de taninos, substâncias minerais e ácidos orgânicos. Representa cerca de 5 % do peso dos ácidos orgânicos do cacho. Esta percentagem depende do grau de maturação. Durante a transformação, o pedúnculo das uvas é separado no processo de valorização devido à lixiviação de substâncias indesejáveis (taninos, clorofila) (Bernath, 2002).

Bagas: São os frutos do arbusto da vinha e representam cerca de 95 a 97 % do peso do cacho. A sua forma depende da casta e, em parte, das condições e do método de cultivo. A forma mais frequente é redonda e em forma de ovo, mas também conhecemos formas achatadas e alongadas. O bago é constituído por sementes (grainhas) e pericarpo. O pericarpo subdivide-se em pele, polpa (carne) e tecido que envolve as sementes. A casca representa cerca de 10 % do peso das sementes, mas também depende da variedade. O pH da casca é mais elevado do que o da polpa (Pavlousek,

2007). Contém principalmente ácido málico e tartárico, pigmentos de antocianina, taninos e substâncias aromáticas. A parte mais importante é a polpa da baga, que constitui 85-90 % do seu peso. Os açúcares (glicose e frutose), os ácidos tartárico e málico, os minerais e as substâncias aromáticas são as substâncias mais importadas para a vinificação.

As sementes após a polinização transformam as bagas e podem servir de material de base para a propagação generativa. Têm um comprimento de 4-8 mm e uma forma alongada de bico (Hronsky, Bernath, Duris, 2002). O número e o peso das sementes variam, mas também se conhecem variedades sem sementes, que são objeto de reprodução. As sementes contêm 10-20 % de óleo - constituído por glicerinas, ácido palmítico, ácido linoleico e ácido esteárico e 8% de tanino. Também contêm taninos, que são indesejáveis (devido ao sabor amargo) na vinificação, pelo que tentamos remover as sementes inteiras (Pavlousek, 2007).

1.2.2 Parte subterrânea do arbusto de videira

O sistema radicular: É a parte subterrânea da vinha. Cresce profundamente no solo devido à polaridade e alarga-se para poder desempenhar as funções essenciais. É a entrada de água e de nutrientes (minerais) e transporta-os para a parte aérea do arbusto. Estabiliza o arbusto, mas também serve de depósito de nutrientes (Bernath, 2008).

Em termos de localização, as raízes dividem-se em principais, laterais e superficiais (raízes de orvalho - perto da superfície do solo). Na prática, os arbustos de vinha são propagados principalmente por enxertia num porta-enxerto. As raízes crescem ao longo do comprimento da estirpe radicular, tal como a profundidade e a largura (Heelman, n.d.).

As raízes laterais estão localizadas na parte central, são densamente ramificadas e servem para a ingestão de nutrientes e água. As raízes superficiais (de orvalho) da videira são as indesejadas, porque se formam logo abaixo da superfície do solo e, quando se tornam mais fortes, assumem a função das raízes principais e secundárias que não servem e podem morrer. Estas raízes podem ser danificadas pelas geadas. O viticultor remove as raízes de orvalho pelo menos nas vinhas jovens com menos de 4 anos de idade (Pavlousek, 2007).

1.3 Tipos de poda da vinha

A poda é uma intervenção propositada no arbusto da vinha no seu cultivo. Permite obter o equilíbrio do arbusto, a relação óptima entre as partes lenhificadas e não lenhificadas do arbusto. Muitos cientistas têm a poda como objetivo das suas experiências e investigações. O tipo de poda é escolhido em função das condições naturais, ambientais e económicas, de modo a que a cultura da vinha seja altamente rentável. Os comprimentos de corte distinguem-se por uma madeira com um ano de idade que deixamos na videira.

Dividimos os tipos de corte - de acordo com o comprimento da madeira com um ano de idade - em curto (poda em esporão), médio e longo (poda em cana). A combinação destes tipos de corte é o corte misto. O corte diferenciado é um corte com requisitos individuais para cada casta de videira (Bernath, 2008).

Os rebentos têm uma fertilidade diferente consoante a localização dos ramos. O comprimento do corte tem um impacto importante nas condições de crescimento e na fertilidade dos rebentos. Os gomos superiores são mais cheios de frutos no corte de secção longa.

1.3.1 Poda curta - poda de esporão

É também chamado de corte para esporões. É o tipo de corte em que a madeira de frutificação é encurtada para 1-5 gomos. O número de gomos varia consoante o comprimento dos esporões. Os mais longos têm 4-5 gomos, os médios têm 3 gomos e os mais curtos 1-2 gomos. A sua utilização original era no chumbo à cabeça, mas hoje em dia a sua utilização é ampla (tipo cordão de porte médio e alto). Deixam-se esporões curtos para cada modo de condução, como reserva para o crescimento de uma madeira de substituição para o ano seguinte. A aplicação deve ser feita também em vinhas jovens e na formação de arbustos (Pavlousek, 2005).

A manutenção regular de esporões de gomos à volta do perímetro do arbusto está a criar uma parte espessa chamada cabeça. O corte no supositório em forma de cordão do sistema de cultivo de tronco médio e alto é utilizado em espaçamentos suficientemente largos, porque o corte curto provoca o engrossamento da massa verde que precisa de ser distribuída no espaço devido ao sombreamento. A madeira do corte dos esporões em cordão deve estar bem madura (Hronsky, Bernath, Duris, 2002).

Têm uma boa reserva de substâncias que são necessárias para o processo de floração. A vantagem é que todos os ramos crescem à mesma altura e facilitam a manipulação com a vinha, incluindo a colheita.

A desvantagem é novamente a formação de cortes e a necessidade de juvenilizações frequentes (Pavlousek, 2007).

Isto reflecte-se no abrandamento do crescimento. Pode também ocorrer um aumento da densidade da parte aérea do arbusto, pelo que é preferível utilizar um tipo de corte misto. O corte curto da madeira de frutificação tolera variedades como a Welschriesling, a Gluner Veltliner, a Saint Laurent e a Blaufrankisch (Bernath, 2008).

1.3.2 Poda de cana

Neste tipo de poda, deixamos o comprimento médio da madeira de frutificação (a chamada "meia-cana") com 4-6 gomos. Cortamos a meia-cana depois de avaliar a força do seu crescimento e podemos ajustar de forma óptima a carga do arbusto. É dada preferência às variedades com um corte de secção curta, que têm uma produção semanal e, após um corte longo, a qualidade das uvas diminui (Bernath, 2008). Um corte médio é utilizado para cortar um misto de combinação com esporões de apoio que são deixados na base dos rebentos). Um corte médio é bem tolerado por variedades como a Fruhroter Veltliner, Irsaj Oliver, Silvaner, Furmint e Lipovina (Bernath, 2008)

A poda em cana é útil para várias variedades de videiras que não produzem frutos a partir de gomos muito próximos do tronco. É a chamada infertilidade dos gomos basais. Durante o processo de poda, os trabalhadores cortam todos os ramos excedentes da videira da época anterior, deixando apenas o material necessário para a próxima colheita, com uma reserva para o ano seguinte. Os produtores podem pesar o material cortado da videira - peso de poda - e utilizá-lo como medida do crescimento da videira na época anterior. Isto dá uma indicação da potência e, por conseguinte, da quantidade de colheita que uma videira pode amadurecer. Este tipo de poda requer níveis de competência mais elevados, uma vez que é necessário selecionar uma cana adequada, espessa, saudável e totalmente lenhificada - castanha clara e lenhosa é melhor do que verde e macia - e depois amarrá-la a um arame. Em algumas variações da poda de cana, estas podem ser atadas em círculos ou curvadas de volta ao tronco principal. O objetivo é quebrar a dominância apical e assegurar uma brotação e um crescimento uniformes ao longo da cana. A dominância apical ocorre na maioria das plantas, onde o botão mais alto produz hormonas vegetais para impedir o crescimento dos botões mais baixos, de modo que o esforço da planta pode ser feito para ficar mais alto em vez de crescer ramos laterais (Snyder, Connell, 2000).

A poda da cana requer a manutenção de uma iniciativa curta - que fornecerá as canas do próximo ano. Nos sistemas de cordão, normalmente são mantidos esporões de dois a três gomos, uniformemente espaçados ao longo do cordão, pelo que não é necessária tanta perícia na poda e, de facto, esta pode ser parcialmente mecanizada, tornando a poda mais rápida.

Outro tipo de poda de cana é o encurtamento da madeira com um ano de idade para 9-20 gomos (o chamado "corte longo"). Este tipo de poda divide-se em 3 subcategorias: canas curtas com 9-10 gomos, canas de comprimento médio com 11-12 gomos e longas com 13-20 gomos. É indicada para as variedades de crescimento forte e para as variedades que produzem a partir de gomos situados mais alto. Este tipo de poda tolera as variedades com cachos pequenos, para as quais o corte curto não é adequado devido à redução do rendimento. É utilizada quando a videira assegurou um bom fornecimento de nutrientes. Os órgãos de superfície precisam de ser implantados na área, pelo que é utilizado em culturas com muito espaço. O mais frequente é dobrar as canas em círculos e semicírculos. Além disso, para além das canas longas, utilizam-se esporões de 2 gomos curtos. O corte longo tolera variedades como Riesling, Traminer Rot, Sauvignon, Muscat Ottonel, Cabernet Sauvignon e Alibernet (Bernath, 2008).

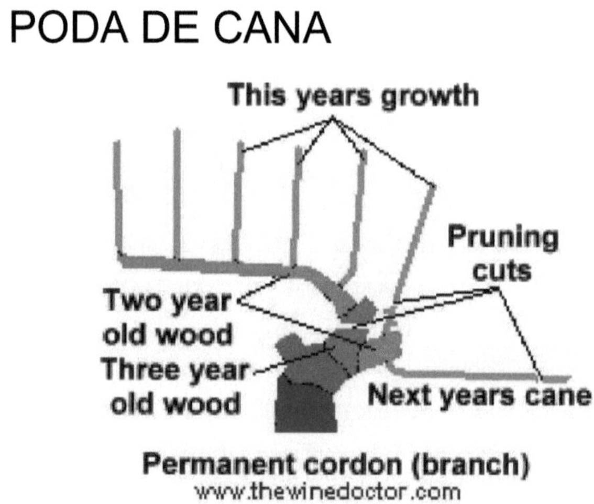

Imagem 1 Poda de cana, (URL 1, n.d.)

1.3.3 Poda combinada

Este método de poda é também designado por corte misto (poda mista). É o tipo de poda mais utilizado quando são usadas diferentes combinações de canas e esporões. Os métodos de condução da vinha, a variedade e as condições de crescimento são os principais factores que determinam o tipo de poda.

1.4 Técnicas de condução da vinha

Conhecemos muitos métodos de formação das videiras. Foram desenvolvidos muitos tipos de técnicas de condução diferentes, algumas das quais são utilizadas há muito tempo, como o *gobelet,* e outras há pouco tempo, como o Scott Henry e o Smart Dyson. Os diferentes métodos ajudam no controlo das videiras que produzem muitas folhas e menos cachos, podendo aumentar a luz 26

e ar condicionado. Pode reduzir o risco de podridão e outras doenças e facilitar a mecanização da poda ou da colheita. A formação pode ser manipulada de modo a alterar de forma benéfica o microclima em torno da videira (Thomas, 2015).

1.3.3 Treinar o tronco

É a primeira parte do processo de formação da estrutura permanente da videira - o tronco lenhoso. No estado selvagem, uma videira normalmente subiria às árvores e beneficiaria deste apoio (sistema ocasionalmente utilizado em Itália), com alguns anos de poda e de formação, as videiras podem desenvolver muitos troncos lenhosos autoportantes. Existem dois tipos de oportunidades: as videiras de cabeça têm um tronco vertical (mais ou menos) com alguns centímetros de altura e as videiras de arbusto com um tronco de cerca de um metro ou mais de altura. No caso das videiras de cabeça, não há ramos laterais horizontais permanentes, mas os rebentos jovens são renovados todos os anos. Os troncos altos afastam a zona de frutificação e os gomos dos riscos de geada junto ao solo e tornam o trabalho na vinha menos penoso, mas também perdem os benefícios do calor do solo para ajudar a amadurecer os frutos. Os sistemas de condução em cordão estabelecem um tronco com um ou mais "braços" lenhosos permanentes, normalmente apoiados por aramação (Thomas, 2015).

1.3.4 Poda de guyot

Este tipo é um dos mais populares sistemas de formação de videiras no mundo. Conhecemos dois tipos de condução. Trata-se de um sistema de condução à cabeça com um tronco principal, mais uma cana e um esporão para um Guyot simples ou duas canas e esporões para o Guyot duplo. As canas são unidas por arames e, em seguida, os gomos da cana crescem para formar a copa da videira e os frutos desse ano. A copa é geralmente ajustada e depois aparada e atada aos arames, num método designado por posicionamento vertical dos rebentos. Isto permite uma boa posição das folhas ao sol para a fotossíntese e uma distribuição homogénea dos frutos no arame. A copa pode mesmo ser rematada ou podada por máquina para manter o crescimento das folhas sob controlo e ajudar a garantir uma boa maturação dos frutos (Andrew, 2011)

O Guyot é adequado para a maioria dos solos e zonas de vinha, exceto onde os solos são ricos. As variedades de videiras vigorosas estão a ser cultivadas, onde um grande crescimento de folhas pode significar partes superiores lotadas. Isto leva a que as folhas sombreadas se tornem um sorvedouro dos recursos da videira, uma vez que não podem fazer fotossíntese sem luz suficiente, enquanto os frutos sombreados são de cor clara, verdes e de sabor herbáceo e, frequentemente, com níveis excessivos de potássio, o que cria problemas de envelhecimento e de coloração.

1.3.5 Alsácia

Trata-se de uma forma simplificada de liderança dos sistemas de cultura da vinha de formação alta no nosso país e está bastante difundida. Utiliza o método de poda Guyot - com duas canas de frutificação e 2 esporões de reserva de 2 botões. A forma pode ter 1-2 troncos com 1 a 1,3 metros de altura e o espaçamento é geralmente de 3 a 3,5 m x 1,2 a 1,4 m (Kraus et al., 2000).

É adequado para variedades com maior rendimento, porque a carga pode ser facilmente controlada, mesmo para variedades com menor fertilidade, porque deixam canas mais longas. Estas podem dobrar-se para uma arca mais alta para suportar a sua frutificação. E até mesmo a dobragem suprimida da polaridade. Dobrar os rebentos regularmente, assegurando um bom estado de luminosidade da zona foliar.

1.3.6 Pendelbogen

Este método de condução é originário da região do Reno-Hessen (Alemanha). É o sistema mais frequentemente utilizado nas vinhas de formação média e alta e é utilizado principalmente nas variedades que exigem um corte longo. Neste método, o chumbo é construído sobre um sistema de suporte (treliça) que tem o fio de formação a 0,7 m acima da superfície do solo. É utilizado com outro fio de formação que se encontra a cerca de 0,25 metros acima do primeiro, e dois pares de fios de suporte (para posicionamento dos rebentos de verão). A estrutura de suporte permite dobrar a madeira com um ano de idade após o corte. Provoca a atenuação da polaridade e permite a quebra de todos os gomos da cana e o equilíbrio do crescimento (Andrew, 2011).

A formação de vinhas para Pendelbogen

O tronco é formado a partir de um rebento com um ano de idade (com 0,8-1 cm de diâmetro e 1 m de altura). Este rebento é cortado a 0,7 metros sobre a superfície do solo (mais o número necessário de gomos) e amarrado ao arame de formação. Neste caso, os botões do rebento retêm os três mais altos defendidos pelo arame de formação. No ano seguinte, deixar a cana com 10-15 gomos ou deixar as 1-2 canas que estão fixas. Também deixamos de armazenar 2 rebentos-esporas porque queremos no próximo ano uma cana nova e mais 2 rebentos-esporas. A cana velha é removida e a madeira com um ano de idade é colocada na base do corte para a nova cana. Este tipo de poda chama-se poda Guyot e repete-se anualmente. O arbusto bem cultivado é capaz de fornecer de forma óptima 8-10 gomos e assegurar o seu desenvolvimento uniforme. Quando não se assegura um equilíbrio entre o sistema radicular e a parte aérea, um ramo pode crescer de forma excecional (na maior parte das vezes deixando mais de 12 pontos). Neste caso, as canas são mais curvadas para o círculo para identificar a dormência apical no meio da cana. Jackson (1997) introduziu duas regras: a primeira regra diz respeito ao ponto final e a segunda regra diz respeito à proximidade do tronco (Thomas, 2015).

A primeira regra diz que os ramos na extremidade da cana podem ter o crescimento mais forte. Os rebentos aí crescem mais intensamente que na base. A segunda regra diz que os rebentos que crescem perto do tronco tendem a ser mais vigorosos. Esta regra aplica-se à primeira secção em esporões. Em Pendelbogen é importante a curvatura das canas. As canas no ponto mais alto da curvatura têm o crescimento mais forte de rebentos, provavelmente devido à gravitação. Por conseguinte, os rebentos que nascem na parte superior do crescimento são mais vigorosos do que os que nascem na parte inferior (Bernath, 2002).

As vantagens do Pendelbogen incluem a forma de arbusto ascendente, a facilidade de poda e de condução, uma melhor lavoura e um melhor tratamento das plantas, bem como a aptidão para muitas castas com cachos pequenos (Traminer Rot, Riesling, Sauvignon, Saint Laurent, Blaufrankisch), podendo manter mais 2 canas com esporões de reserva com 2 gomos). Podemos também construir 2 troncos que se formam também no 3º ano após a plantação (Zaruba e col., 2001).

Nas variedades muito férteis e com grande quantidade de uvas (Muller Thurgau e Gruner Veltliner) é preferível apenas 1 tronco com 2 canas mais curtas com esporões de armazenamento de 2 botões. A partir do 4th ano devemos deixar o esporão de armazenamento na base do tronco. Porque os nutrientes são absorvidos pelos rebentos em crescimento, o que pode provocar uma redução dos frutos (Thomas, 2015).

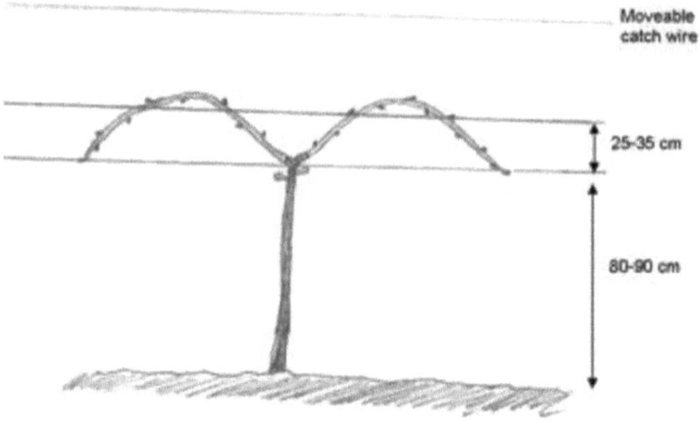

Imagem 2, sistema de formação Pendelbogen, (URL 2, n.d.)

1.4 Descrição do rejuvenescimento da vinha

As temperaturas muito baixas durante a estação (inferiores a -12°C) ou as fortes temperaturas invernais podem provocar danos nos gomos de frutificação de muitas variedades. Se se suspeitar de danos nos gomos, a gravidade dos mesmos deve ser avaliada por dissecação dos gomos. Os métodos de poda devem ser alterados com base no número de gomos mortos e na idade da vinha. Nas vinhas maduras, devem ser deixados mais gomos para substituir os gomos mortos. Nas videiras podadas em espaldeira, é importante manter os gomos de renovação sob o cordão, pois pode ser necessário substituir o cordão no ano seguinte se se perderem demasiadas posições de espaldeira.

Se a madeira de frutificação estiver realmente danificada, o tronco e as raízes podem ainda estar a funcionar. Uma estrutura de frutificação morta pode provocar uma rebrota vigorosa a partir da base da videira e do tronco (Arora, 2016).

O objetivo é absorver a força do sistema radicular e criar um novo tronco e madeira de frutificação capaz de sobreviver ao inverno seguinte. Um vigor excessivo dá origem a canas particularmente susceptíveis de serem danificadas pelo frio invernal. Deve começar por remover toda a estrutura vegetal morta, enquanto o tronco morto ou o que resta dele pode ser utilizado para formar os novos rebentos. Deixar crescer a maior parte ou a totalidade dos novos rebentos e amarrá-los como no crescimento do primeiro ano, assegurando um tronco direito para o futuro. Não fertilizar as plantas porque o crescimento será

vigoroso sem qualquer ajuda. O controlo das doenças para o oídio é muito importante, uma vez que o novo crescimento é particularmente suscetível. O controlo da água também pode ser uma opção para abrandar o crescimento e amadurecer a madeira para o inverno. (Buchan, 2003)

Figura 3, Poda de rejuvenescimento, (Anovcin, 2016)

1.5 Vinificação

1.6.1 Vinificação de vinhos brancos

Colheita

A primeira resolução é o momento da vindima. Quanto mais tempo as uvas ficam a amadurecer na vinha, mais açúcares se acumulam nas uvas. O momento da vindima depende de muitos factores. Os vinicultores utilizam uma mistura de técnicas, desde a prova das uvas até à utilização de análises técnicas. O estilo do vinho tem um efeito importante no momento da vindima. Nas nossas condições naturais, a maioria das uvas é colhida entre o início de setembro e novembro. Uma vez colhidas, as uvas são normalmente seleccionadas para eliminar os cachos que não atingem o grau de qualidade exigido pelo enólogo (Clarke, Bakker, 2014).

Esmagar e Destruir

Uma vez seleccionadas, se se tratar de um vinho branco, as uvas são normalmente desengaçadas e suavemente esmagadas, apenas o suficiente para abrir as películas. O esmagamento permite ao enólogo extrair mais sumo do bago durante outra prensagem.

Um "banho de frio

Antes da prensagem, alguns vinicultores decidem efetuar uma maceração a frio ou uma maceração pré-fermentativa. Trata-se de um arrefecimento da uva esmagada. Como os vinhos brancos são fermentados a partir das películas, a maceração pré-fermentativa é utilizada para extrair aromas e sabores adicionais das películas para o sumo. Esta era uma tendência específica da maioria dos vinhos brancos há alguns anos, mas atualmente é mais utilizada (Danehower, 2010).

Pressionar o sumo

O passo seguinte é prensar o sumo das peles. Quanto mais suave for a prensagem, mais fino será o sumo ou o mosto. Uma vez obtido o mosto, este está pronto para a fermentação. Normalmente, há um período de decantação a frio - para permitir que os sólidos do sumo caiam para o fundo - que são depois retirados, deixando um sumo mais claro. Cada produtor de vinho tem a sua própria ideia sobre a limpidez do mosto.

Fermentação alcoólica

A fermentação alcoólica consiste na conversão de açúcares em álcool. A fermentação requer a atividade de leveduras para converter os açúcares em álcool. Estas leveduras podem ser as leveduras naturais da vinha ou leveduras de cultura especialmente seleccionadas. As leveduras de cultura são muito mais fáceis de controlar e asseguram uma fermentação mais consistente. As leveduras naturais, por outro lado, asseguram uma essência mais verdadeira da tradição da vinha, mas são menos fiáveis. As fermentações podem ser mais difíceis e, por vezes, um pouco lentas. Cada uma tem as suas próprias vantagens e desvantagens. O recipiente de fermentação tem muitas variantes - carvalho, aço inoxidável ou outro recipiente inerte. Devido à sua afinidade com o carvalho, os vinhos brancos são frequentemente fermentados em pequenos barris de carvalho ou em recipientes de aço inoxidável (Goode, 2005).

A temperatura de fermentação também influencia o vinho. Em geral, os vinhos brancos são tipicamente fermentados a temperaturas mais baixas do que os tintos. A temperatura mais baixa pode preservar os aromas e sabores primários da fruta. As temperaturas mais quentes permitem obter um vinho mais estruturado. Normalmente, quando as leveduras convertem todos os açúcares em álcool, a fermentação termina e obtém-se um vinho seco. No entanto, se o estilo desejado for off dry ou meio doce, o enólogo pára a fermentação antes de todos os açúcares terem sido convertidos, deixando a quantidade desejada de açúcar residual (Jackisch, 1985).

Fermentação maloláctica (MLF)

Após a fermentação alcoólica, alguns vinhos brancos passam por um processo chamado fermentação maloláctica. Tecnicamente, não se trata de uma verdadeira fermentação, mas sim de uma conversão de qualquer ácido málico remanescente no vinho em ácido lático mais suave. Mais uma vez, o Chardonnay é um dos principais vinhos a sofrer fermentação maloláctica total ou parcial (Danehower, 2010).

Envelhecimento das borras. Quando toda a fermentação termina, o vinho novo repousa sobre todas as células de levedura mortas, chamadas borras. As borras grandes ou pesadas são normalmente retiradas com bastante rapidez. Muitos produtores de vinho optam por deixar o vinho novo sobre as restantes borras "finas" durante um período de tempo - desde algumas semanas a vários meses e anos. O envelhecimento sobre as borras acrescenta textura, sabor, peso e complexidade ao vinho. Também ajuda a preservar o vinho fresco até ao engarrafamento. Durante este período, alguns enólogos efectuam uma battonnage. Trata-se de uma mistura das borras, para dar uma textura mais cremosa ao vinho (Boulton, 2013).

Mistura

A mistura é um fator importante para alcançar o estilo final desejado. Os vinhos produzidos a partir de uma mistura de diferentes castas são diferentes e interessantes. Os vinhos varietais também são muitas vezes misturas - misturas de diferentes vinhas, misturas de vinhos de diferentes barris que foram tratados de forma diferente durante a vinificação ou a maturação. A mistura permite ao enólogo obter suavidade e consistência num vinho. (Danehower, 2010)

Acabamento e engarrafamento

O passo seguinte é o "acabamento" antes do engarrafamento. Esta fase envolve uma série de etapas através das quais o vinho novo é clarificado e estabilizado. Os vinicultores tentam minimizar o número de tratamentos e, ao mesmo tempo, garantir que o vinho seja física, química e microbialmente estável.

Uma vez terminados todos os procedimentos de acabamento, o vinho está pronto para ser embalado, em garrafa ou no formato de embalagem que se desejar (Vine, Harkeness, 1997).

1.6.2 Vinificação em tinto

Um aspeto importante na produção de vinho tinto é o facto de o mosto de fermentação ser constituído por peles e sementes de sumo. Por conseguinte, a composição do vinho tinto é determinada pelos constituintes extraídos das películas e das sementes, para além dos presentes no sumo.

Estilos de vinho tinto desde os blushes e rosados até aos tintos complexos, encorpados, ricos e escuros, com potencial de envelhecimento prolongado. Muitos factores, como a casta, o solo, o clima, as condições de crescimento e as práticas vitícolas, influenciam a composição do fruto e, por conseguinte, o estilo de vinho que pode ser produzido. Para além da composição da fruta, as técnicas de vinificação também desempenham um papel importante na determinação do estilo do vinho (Jackisch, 1985).

Ao plantar vinhas para a produção de vinho, temos de considerar muitos factores. Estes incluem o estilo do vinho, a variedade e os critérios de maturação. Tipicamente, durante a maturação, os açúcares acumulam-se, a acidez titulada diminui, o pH aumenta, a cor e os compostos fenólicos aumentam e ocorre a formação de componentes aromáticos varietais distintos. Seria muito importante que todos os parâmetros estivessem num equilíbrio ideal. No entanto, na prática, isto pode ser difícil de conseguir, uma vez que estes parâmetros são influenciados por muitos factores.

Colheita

Geralmente, a fruta é colhida com base no teor de açúcar (NM°), na acidez titulada e no pH. Os constituintes da película, como a cor, os taninos e o sabor, influenciam fortemente o carácter do vinho tinto e, por conseguinte, o seu nível também deve ser avaliado ao tomar decisões de colheita. Uma vez que a película é fermentada com o sumo, o estado da película e a proporção de película em relação ao sumo (dependendo do tamanho do bago) são também considerações importantes (Bernath, 2008).

Adição de enxofre

A prática mais comum de colheita das uvas consiste em separar os bagos dos caules através do esmagador. O objetivo do esmagamento é remover o pedúnculo e quebrar suavemente a pele dos bagos. É necessário ter cuidado para evitar a maceração excessiva da pele e a quebra das sementes. O fruto esmagado, constituído por polpa, pele e sementes, chama-se mosto e é transferido para um recipiente. Deve-se adicionar cerca de 30 mg/L de SO2 livre. A quantidade de adição de SO2 tem como objetivo evitar a presença de micróbios e bactérias (Goode, 2005).

A adição de SO2 deve ser objeto de atenção. Alguns produtores de vinho não adicionam SO2 livre ao mosto antes da fermentação. A lógica é minimizar os níveis de SO2 no vinho, facilitar a fermentação maloláctica e alcançar a complexidade do sabor. O problema com esta abordagem é que nenhuma adição de SO2 pode deixar o mosto desprotegido da atividade de microrganismos indesejáveis, tais como leveduras selvagens e bactérias causadoras de deterioração. Recomendamos a adição de uma pequena quantidade (20 a 30 mg/l) de SO2 ao mosto limpo; os mostos com podridão necessitarão de doses mais elevadas. Este nível é suficientemente elevado para desencorajar os organismos de deterioração, mas não demasiado elevado para suprimir a fermentação maloláctica (Goode, 2005).

Maceração

Na maceração a frio, o mosto é arrefecido até cerca de 15 a 20 °C para retardar o início da fermentação pelas leveduras. O objetivo da maceração a frio é favorecer a extração de pigmentos e de outros compostos fenólicos das peles na ausência de etanol. As peles são demolhadas durante um ou dois dias e o mosto é bombeado para facilitar a extração fenólica. Pensa-se que a maceração a frio melhora a cor, o corpo e a sensação de boca do vinho resultante. A eficácia desta abordagem dependerá da casta, da composição do fruto e do estado dos bagos (Jackisch, 1985).

Composto de mosto

Algumas variedades podem não ter uma quantidade suficiente de açúcar aquando da colheita. Para estas variedades, é necessário adicionar açúcar ao mosto. Esta adição pode ser efectuada no início da fermentação. Alguns vinicultores preferem adicionar açúcar ao mosto em fermentação após a prensagem e a remoção das sementes e das peles. Em caso de baixo teor de açúcar, pode ser utilizado um xarope de açúcar em vez de açúcar seco. Este processo é também designado por amelioração. A vantagem deste processo é que, enquanto o teor de açúcar aumenta, o nível de acidez diminui porque diluímos o mosto.

Os vinhos tintos são produzidos com níveis de acidez inferiores aos dos vinhos brancos. Em geral, é preferível uma acidez titulada na gama de 6,5 a 7,5 g/L e um valor de pH de 3,4 a 3,6. Se as uvas tiverem um teor de acidez baixo (inferior a 5 g/L), a acidez deve ser aumentada por adição de ácido tartárico. Uma parte do ácido tartárico adicionado ao mosto perder-se-á após a fermentação e a estabilização a frio. Por vezes, as uvas tintas aquando da vindima contêm níveis de acidez elevados (9 g/L ou mais). Para produzir vinhos equilibrados a partir de uvas, pode ser desejável uma redução do nível de acidez. Para reduzir a acidez, será necessário recorrer a leveduras e à fermentação maloláctica (Boulton, 2013)

As enzimas pectolíticas são concebidas para promover a libertação de pigmentos, taninos e polissacáridos no mosto. É necessário um nível adequado de nutrientes para terminar a fermentação completa. Por conseguinte, recomenda-se a adição de nutrientes para leveduras que contenham vitaminas essenciais.

Adição de leveduras

Existe uma vasta seleção de leveduras para conduzir a fermentação do vinho tinto. O viticultor deve escolher a estirpe que fermentará o mosto com quantidades muito reduzidas de compostos indesejáveis. Para obter uma fermentação limpa e rápida, podem ser utilizadas estirpes de leveduras de vinho activas produzidas comercialmente. As leveduras secas devem ser reidratadas mais cedo antes de inocular o mosto. Alguns vinicultores utilizam estirpes de leveduras indígenas. Esta prática pode, por vezes, dar bons resultados; no entanto, é arriscada e requer muito mais habilidade e atenção. Preferimos as manchas de cultura pura produzidas comercialmente para utilização na fermentação do vinho tinto (Boulton, 2013).

Fermentação

Depois de fazer os ajustes necessários, como açúcar, ácido e outras adições, o mosto vermelho, constituído por sumo, pele e sementes, está pronto para a fermentação. O mosto pode ser fermentado em recipientes abertos. Isto é bom para facilitar a manipulação, a gestão da tampa e o controlo da temperatura. Alguns vinicultores preferem utilizar fermentadores com tampo fechado ou com alguma cobertura para manter afastado o aroma da fruta. As quantidades mais pequenas podem ser fermentadas em tanques, caixas ou outros recipientes de plástico ou aço inoxidável. Para maiores volumes de mosto, utilizam-se fermentadores de aço inoxidável. A fermentação deve ser conduzida numa área bem ventilada, e deve ser removido o excesso de CO2 gerado durante a fermentação (Jackisch, 1985).

A fermentação liberta calor, o que favorece o aumento da temperatura do mosto. Esta aumenta a velocidade da fermentação e a extração da cor e dos compostos fenólicos. Uma temperatura excessivamente elevada pode provocar a paragem da fermentação, favorecer o crescimento de microrganismos e contribuir para a formação de compostos de odor desagradável. Por conseguinte, o controlo da temperatura durante a fermentação é fundamental. O mosto tinto é geralmente fermentado a uma temperatura de 25 a 30°C.

Quando a fermentação começa, as peles e as sementes sobem para o topo e formam um chapéu. Uma parte do calor libertado leva a uma temperatura mais elevada no chapéu, em comparação com o líquido em fermentação que se encontra por baixo dele. Para libertar o calor retido e favorecer a extração dos constituintes da pele, a tampa é periodicamente quebrada e o mosto é misturado. Em volumes mais pequenos, a mistura do mosto pode ser suficiente para baixar a temperatura de fermentação. No caso de volumes maiores de mosto, pode ser necessária a bombagem, juntamente com a utilização de camisas de arrefecimento ou de refrigeradores de mosto para controlar a temperatura. Com o início da fermentação, as peles sobem para o topo do líquido em fermentação e formam uma tampa. Assim, as peles e o sumo são separados. Para maximizar a extração da cor e do sabor, é importante manter as peles em estreito contacto com o sumo durante a fermentação. Para tal, a tampa é amortecida e as peles e o sumo são misturados. No caso de lotes mais pequenos, a punção da tampa duas vezes por dia é suficiente para facilitar a extração e libertar calor (Goode, 2005).

Para lotes maiores, é difícil perfurar a tampa. Neste caso, o sumo pode ser extraído e bombeado sobre a tampa. O objetivo é humedecer cuidadosamente a tampa para libertar o calor. Quando se utiliza a bombagem, cerca de um volume de sumo é bombeado sobre a tampa; e isto é feito cerca de duas vezes por dia. A utilização de fermentadores mais pequenos e menos profundos, a perfuração da tampa e a mistura do mosto permitem uma boa extração da cor e do sabor.

A cor e os taninos são os dois componentes que são extraídos das peles durante a fermentação. Os pigmentos encontram-se maioritariamente nas camadas exteriores das películas. A quantidade de pigmento na forma colorida ou incolor é fortemente influenciada pelo pH do vinho e também pela presença de dióxido de enxofre livre. Os taninos são fenóis poliméricos. São compostos amargos com uma vasta gama de tamanhos moleculares. Os taninos desempenham também um papel importante na formação de complexos com os pigmentos, que contribuem para a estabilidade da cor. Estes pigmentos poliméricos são menos sensíveis às alterações do pH e dos níveis de SO2 no vinho. Durante a fermentação alcoólica, os pigmentos e os taninos são extraídos da pele, mas a sua cópia de extração é diferente (Taylor, n.d.).

A extração de cor é rápida no início da fermentação. Atinge um máximo nos primeiros dois a três dias; e, em seguida, diminui ligeiramente durante o resíduo da fermentação. Isto significa que um curto período de maceração de cerca de dois a três dias é suficiente para obter uma boa cor. A extração da cor e dos taninos é influenciada pela temperatura, pelo tempo de contacto com a pele e pela gestão e técnica da tampa durante a fermentação. O aumento da temperatura de fermentação de 20 para 30 °C provoca um aumento da cor e do teor de taninos do vinho.

Para uma melhor extração, é essencial uma mistura cuidadosa do mosto. O tempo de contacto com a pele também influencia a extração. Um tempo de contacto mais longo significa geralmente uma maior extração dos constituintes da pele e das sementes para o vinho. A duração do contacto com a pele baseia-se no estilo de vinho e no nível de extração dos componentes da pele que se pretende no vinho. As uvas tintas são esmagadas e prensadas, e depois as peles são separadas. Esta abordagem produzirá muito pouca cor no vinho. Para obter mais cor, pode ser permitido um curto contacto com a pele, de cerca de 24 horas, antes de o mosto ser prensado. Este estilo destina-se a produzir vinhos de cor clara e aroma frutado com algum açúcar residual. São transformados para consumo precoce (Goode, 2005).

A fermentação típica do mosto, dependendo das condições de fermentação, pode levar de três a cinco dias. Neste intervalo de 0 a 5 NM°, o mosto conterá algum açúcar residual e espera-se que a fermentação continue depois de o mosto ser prensado e as películas retiradas. Esta abordagem deve dar origem a vinhos com boa cor e sabor a fruta, suaves e redondos no mês.

O mosto é fermentado até atingir a secura - o que significa que todo o açúcar fermentável é utilizado - e depois prensado. Após o final da fermentação, a cuba é fechada e o mosto fica em repouso. Após o mergulho da tampa no fundo, o mosto é prensado. É recomendado para a produção de vinhos tintos encorpados, escuros e tânicos. Estes vinhos requerem um longo período de maturação e envelhecimento antes de estarem prontos para consumo. A prensagem do mosto é feita de acordo com o estilo de vinho desejado, quando se extrai uma quantidade óptima de cor, sabor, taninos e outros constituintes. Geralmente, o sumo é bombeado, a tampa é transferida para a prensa e o mosto é então prensado. Após a prensagem, o vinho jovem é colocado em recipientes e termina a fermentação alcoólica e maloláctica (Boulton e col., 2013).

Fermentação malo-láctica

Os vinhos tintos passam frequentemente pela fermentação maloláctica. O objetivo é reduzir a acidez e alcançar a complexidade do sabor. O vinho também atinge um grau de estabilidade biológica. É importante perceber que os vinhos de FML não são necessariamente estáveis e que pode ocorrer atividade bacteriana se as condições se tornarem favoráveis. Na abordagem tradicional, permite-se que a fermentação maloláctica ocorra naturalmente. É inteligente utilizar uma cultura pura selecionada de bactérias ML para conduzir a MLF. As bactérias do ácido lático estão disponíveis em duas formas liofilizadas. Num caso, a cultura necessita de reativação e propagação antes de ser adicionada ao mosto. A segunda é uma cultura liofilizada para adição direta sem reativação. Sugerimos a utilização desta cultura liofilizada de adição direta para a condução da fermentação malo-láctica (Jackisch, 1985).

O momento da inoculação é um aspeto importante na FML. Uma forma é inocular o mosto durante a fermentação alcoólica. Esta forma tem alguns benefícios, mas pensamos que é arriscada. Recomendamos a realização da FML após a fermentação alcoólica. Esta abordagem também é satisfatória para a utilização de uma cultura liofilizada para adição direta ao mosto. A inoculação correcta é um passo importante na fermentação malo-láctica (Jackisch. 1985).

Clarificação do vinhoO vinho tinto jovem está nublado. A turbidez é causada por partículas que ficam em suspensão. O material inclui fragmentos de uva, compostos cristalinos e coloidais e microorganismos como leveduras e bactérias. Durante o armazenamento, muitas das partículas depositam-se lentamente no fundo do depósito. Para tornar o vinho límpido, o vinho é submetido a tratamentos como a trasfega, a colagem e a filtração (Boulton e col., 2013).

EstantesApós a fermentação alcoólica e malo-láctica, o vinho é desengaçado das borras. A quantidade de sedimentos é maior na primeira trasfega e o seu volume diminui numa outra trasfega. O procedimento para a trasfega de vinho tinto é a exposição limitada ao ar, especialmente na primeira trasfega. A exposição controlada ao ar durante a transferência do vinho é benéfica para o envelhecimento do vinho tinto. Se o vinho for trasfegado três a quatro vezes por ano, obtém-se um vinho límpido. É importante adicionar SO2 livre após a trasfega (Goode, 2005).

RevestimentoO vinho tinto pode ser objeto de uma maior clarificação. No entanto, os agentes de colagem podem influenciar o sabor do vinho. Os vinhos tintos são ricos em pigmentos e compostos fenólicos, como os taninos, que fornecem um sabor áspero. Os agentes de colagem proteicos, como a gelatina e a clara de ovo, são utilizados para baixar o nível de taninos - para amaciar o vinho. A gelatina para colagem está disponível comercialmente em forma líquida e em pó seco. Para uma melhor adequação e melhores resultados, recomendamos a utilização de gelatina líquida (Miranda, 2013).

A filtração pode ser utilizada isoladamente ou em conjunto com agentes de colagem. Existe uma grande variedade de filtros à disposição dos produtores de vinho. Com a filtração, devemos obter uma clarificação do vinho. Os filtros têm vários tamanhos de poros.

A estabilização refere-se ao tratamento do vinho para evitar a formação de turvação e de depósitos na garrafa. O vinho tinto é rico em taninos, que têm uma carga negativa. Os taninos interagem com proteínas de carga positiva, o que provoca a aglomeração e a sedimentação do complexo tanino-proteína. Alguns vinicultores utilizam uma bentonite para clarificar o vinho, o que contribui para a estabilidade das proteínas.

A precipitação do vinho na garrafa é um erro. Por isso, é estabilizado para evitar este problema.

A abordagem consiste em manter o vinho a uma temperatura de -2 a 2°C durante duas semanas e retirar o bitartarato de potássio precipitado do vinho frio filtrado. Alguns vinicultores preferem estabilizar o vinho arrefecido de cristais de bitartarato a temperaturas de 5 a 10°C. A razão é que os vinhos tintos são armazenados a temperaturas mais quentes. Os vinhos tintos escuros e os vinhos com elevado teor de taninos geralmente lançam sedimentos durante o longo período de maturação das garrafas. O sedimento é constituído por polímeros pigmentados e bitartaratos. Este sedimento não é visto como estando estragado e o vinho é decantado antes do consumo (Miranda, 2013).

MaturaçãoO processo de maturação e envelhecimento envolve uma série de alterações que conduzem à melhoria do aspeto, da cor, do sabor e do aroma de um vinho. Os vinhos jovens têm níveis mais elevados de pigmentos de antocianinas monoméricas. A proporção de tipos coloridos e incolores depende do pH. Na gama de pH do vinho, quanto mais baixo for o pH, maior será a concentração de pigmentos na forma vermelha. Os pigmentos monoméricos são sensíveis ao dióxido de enxofre, que provoca o branqueamento. À medida que o vinho amadurece, os pigmentos monoméricos são polimerizados e a cor torna-se mais estável. Torna-se então menos sensível às alterações do pH e dos níveis de SO2. Os taninos são compostos fenólicos importantes. Estes conferem amargor e adstringência ao vinho. Durante a maturação, alguns taninos perdem-se, enquanto outros sofrem reacções que reduzem a adstringência e aumentam a flexibilidade do vinho tinto (Budzche, 2010). O sabor do vinho torna-se complexo à medida que a fruta, a fermentação e os aromas derivados do carvalho se integram. Os vinhos rosados e tintos leves, destinados a um consumo mais rápido, são amadurecidos e envelhecidos durante períodos relativamente curtos. O que os caracteriza é a sua juventude e os seus aromas frutados. Os vinhos de corpo médio a encorpado, de cor profunda e com elevado teor de taninos requerem períodos de maturação mais longos antes de se tornarem bebíveis. Durante a maturação e o envelhecimento, os seus taninos tornam-se macios e os sabores complexos integram-se, resultando em vinhos equilibrados e harmoniosos (Miranda, 2013).

A operação de enchimento e de enchimento do barril expõe o vinho ao ar, o que resulta numa oxidação limitada. Considera-se necessário um certo grau de exposição ao ar (oxidação) para a maturação do vinho tinto. Os vinhos frutados e jovens são geralmente amadurecidos em cubas de aço. Os tintos premium de corpo médio e encorpado são geralmente amadurecidos em barris de madeira. A duração da maturação em madeira depende da casta, do estilo do vinho, do tipo de barril, da preferência do enólogo e da escolha do consumidor (Budzche, 2010).

EngarrafamentoOs vinhos tintos são normalmente engarrafados em garrafas verde-escuras para evitar a exposição aos raios UV, que podem acelerar o processo de envelhecimento. Se guardar os seus vinhos tintos num ambiente escuro, como uma adega, a luz não será um problema. Enchemos as garrafas com vinho a amadurecer e depois arrolhámos. As garrafas estão na sala fria (cave) e armazenamo-las. Os vinhos de frutos doces, que contêm mais açúcar não fermentado, são esterilizados. A temperatura de esterilização não pode exceder 65 ° C. Esterilizamos a esta temperatura durante 20 minutos. Depois, deixamos arrefecer lentamente o vinho e armazenamo-lo deitado (Goode, 2005).

O processo de vinificação

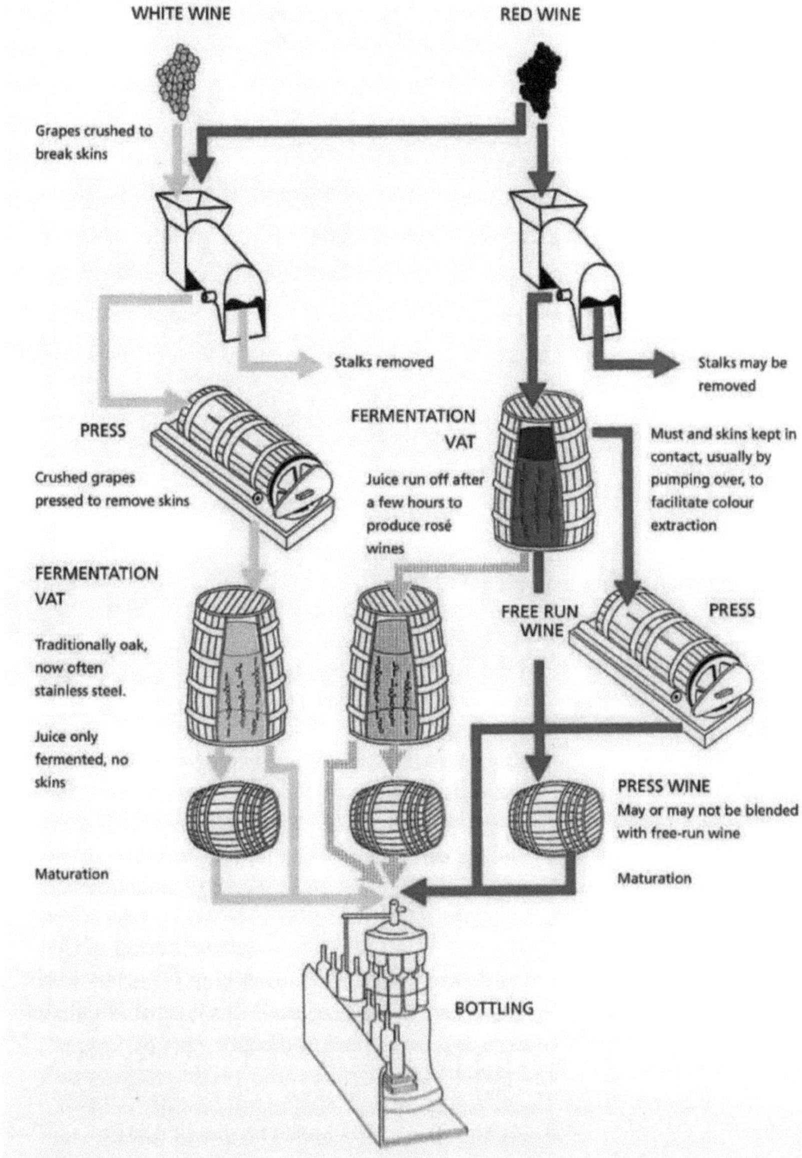

Figura 4, Vinificação, (URL 3, n.d.)

Capítulo 2

OBJECTIVO

O objetivo da tese foi a avaliação da produção de uvas de arbustos de videiras de cultivares seleccionadas (Sauvignon, Feteasca Regala, Blaufrankisch e Saint Laurent) após o rejuvenescimento de arbustos de videiras que foram podados com 2 cargas diferentes de gomos frutíferos (utilizámos o método de poda Guyot com 2 canas com 8 ou 11 gomos frutíferos - em conjunto 16 ou 22 gomos frutíferos e 2 esporões com 2 gomos). O local da experiência foi uma vinha privada na aldeia vitivinícola de Pukanec, na região vitivinícola de Nitra.

MATERIAL E MÉTODOS

2.1 Características da experiência

A vinha em que realizámos a experiência situa-se na aldeia vitivinícola de Pukanec (distrito de Levice), na parte sudoeste da Eslováquia. A experiência foi realizada em 2016 (rejuvenescimento e avaliação dos rendimentos) e 2017 (análise dos vinhos). A vinha está localizada na encosta sul (o que é adequado para condições de luz e maior resistência a geadas). A área da vinha é de 1000 m^2. As plantas da vinha são cultivadas em 8 filas com 50 arbustos em cada fila. O espaçamento dos arbustos é de 1,6 m x 1,0 m. As videiras em 5 linhas foram plantadas por volta de 1980. Antes do rejuvenescimento, as videiras estavam sobrecarregadas e negligenciadas, com muita madeira velha. Havia arbustos com 3-4 cabeças com 4 canas (cada cana tem 8-12 gomos). Os porta-enxertos são variedades americanas antigas. As plantas de videira têm um sistema de suporte com arames - o primeiro nível de arames tem uma altura de 70 cm. As variedades medidas foram 2 variedades brancas (Sauvignon e Feteasca Regala) e 2 variedades tintas (Blaufrankisch e Saint Laurent).

O rejuvenescimento da vinha começou em março de 2016. Efectuámos a poda de rejuvenescimento, após a qual cada arbusto de videira tinha 2 canas de frutificação - madeira de frutificação com 8 (variante A) ou 11 gomos de frutificação (variante B) e 2 esporões de armazenamento (cada um com 2 gomos). Por fim, 15 arbustos têm, em conjunto, 16 gomos de frutificação e 15 arbustos foram podados para 22 gomos de frutificação (para cada variedade) mais 4 gomos nos esporões. No final foi utilizado o sistema de cultivo Pendelbogen com utilização do corte de Guyot.

Tratamento químico utilizado na vinha

A primeira pulverização foi com Kumulus (fungicida sulfuroso contra o oídio e a akarinose) no início de abril (2 semanas antes da floração) e o Kumulus foi também aplicado na segunda década de agosto (doses de 50 g/100 m^2). A pulverização seguinte foi Vivando - também contra o oídio - uma semana após a floração e uma segunda pulverização de Vivando na primeira década de julho. Outra pulverização foi Cantus - contra *Botrytis cinerea,* - aplicada antes do fecho do cacho (10 de agosto). Após cada pulverização aplicámos nutrição foliar (Wuxal Super - dose 30 ml em 10 litros de água por 100 m^2) para completar a nutrição. Fizemos a fertilização no outono de 2016 com 6 toneladas de estrume.

2.2 Características do sítio experimental

A aldeia Pukanec está situada na parte média-norte de Batovska kotlina. A posição geográfica da aldeia (coordenadas de latitude e longitude) é a seguinte 48°21', **-18°42'**.

A aldeia está situada na região da Eslováquia Ocidental e faz parte do condado de Levice. A área total da aldeia é de 26,19 km^2 . As aldeias vizinhas são Devicany, Bohunice, Uhliska e Brehy. A altura acima do nível do mar é de 300 a 720 metros.

A aldeia vitícola de Pukanec faz parte da zona vitícola de Nitra, na região vitícola eslovaca.

Solo

Do ponto de vista químico, as rochas de Pukanec pertencem ao grupo dos silicatos, sem a presença de carbonato de cálcio. Existem solos em terrenos geológicos de andesito que dão uma base de solos argilosos a argilo-argilosos. A partir de rochas-mãe que se formaram com factores pedogénicos no ambiente de Pukanec foi criado o tipo de solo mais expandido - solo castanho (solo castanho 37% solo florestal castanho 25% solos castanho-ocre 17% solos ocre 11% solos cinzento-castanho 6% cinzento-ocre 1% e outros tipos de solos 3%). Todos os tipos de solos têm ocorrência em ilhas.

Condições climáticas

Pukanec tem um clima quente e ligeiramente húmido com um inverno fraco. A temperatura média anual é de 8-9 °C. A temperatura média em janeiro é de -2,6 °C a -2,9 °C e a temperatura média em julho é de 18,5 a 19,3 °C. A temperatura dos meses mais frios do ano (janeiro e fevereiro) raramente é inferior a -20 °C. O inverno em Pukanec dura cerca de 138 dias, ou seja, quase 4,5 meses. O verão dura cerca de 92 dias, a primavera cerca de 70 dias e o outono cerca de 65 dias. A precipitação média anual é de 681 mm. Nos meses de verão (maio a agosto) a precipitação anual é de cerca de 60 mm, sendo o valor mais elevado em maio. Os últimos meses do outono são os mais ricos em humidade. A cobertura de neve no inverno dura em média 75 dias (principalmente em janeiro e fevereiro) com uma altura média de 8 cm. A nebulosidade é, em média, de 60-65% ao longo do ano. A duração média do sol é de cerca de 2000 horas por ano e de 1500 horas por vegetação. Os ventos mais frequentes são os de oeste e sudoeste. A velocidade média do vento é de cerca de 2 m/s (URL 4, 2016).

2.3 Características das castas de videira

Avaliámos quatro variedades: Feteasca regala, Sauvignon, Saint Laurent (St. Laurent; Svatovavrineckd na língua eslovaca), Blaufrankisch (Frankovka modra).

3.3.1 Blaufrankisch

A origem desta variedade não é clara, mas sabe-se que a Blaufrankisch é uma variedade de uva muito antiga, provavelmente proveniente da Alemanha ou do sul da Áustria. A análise do ADN sugere que um dos progenitores é a variedade Heunisch. A Blaufrankisch é uma variedade típica da Europa Central que se estende pela Áustria, Hungria (0,8% da área), Eslovénia, Croácia e, em parte, pela Sérvia e Alemanha. Na República Checa, é a segunda variedade mais cultivada, com uma área de 1307,5 ha. Na Eslováquia, esta variedade é a mais frequentemente cultivada para a produção de vinho tinto. A área de cultivo é de 1176 ha e foi registada em 1941 (URL 5, 2015).

O Blaufrankisch é uma planta lenhosa com uma ligeira casca. O crescimento é forte, com rebentos erectos. O rebento na fase 07 do BBCH (ponta verde) é verde e ligeiramente peludo. A parte superior do rebento é aberta, de cor verde clara com tonalidade bronze. Os nós e entrenós são verdes e do lado do sol são castanho-púrpura. Os rebentos são fortemente pigmentados por antocianinas. Os rebentos jovens têm uma cor ligeiramente verde com tonalidade de vinho tinto e quase não têm pêlos. O rebento com um ano de idade tem uma cor castanha-avermelhada com vírgulas. A variedade tem uma forma elíptica na secção, mas é frágil, o que é uma desvantagem quando se faz trabalhos em verde na vinha. Os gomos de inverno são de tamanho médio, largos e pontiagudos. A folha é de tamanho médio a grande, arredondada e indefinida ou com 3-5 lóbulos, com um corte muito superficial para cima e para os lados. O lado superior da lâmina é liso, fracamente verrucoso e verde escuro. A forma da lâmina é semelhante a um rim com um longo lóbulo central e a parte inferior da folha é peluda. O caule é curto ou de comprimento médio e a fibra é ligeiramente pigmentada. As folhas têm uma cor vermelha no outono. As flores são andróginas, 5 numerosas na inflorescência e de cor amarelo-esverdeada. Os frutos são de tamanho médio a grande (15x14mm) e têm 1,2-1,6g de peso, bagas arredondadas com casca fortemente encerada. A cor da baga é azul-escuro a azul-preto e a polpa é incolor com sabor completo e 3-4 sementes. A casca contém uma grande quantidade de tinta vermelha. As sementes são de tamanho médio e arredondadas. O caule da baga é curto. A borla é grande (19x18cm) e pesa 142-216g com forma de cone cilíndrico. Tem uma cor verde forte e caule muito curto. Os botões começam a crescer na segunda quinzena de abril a segunda quinzena de maio. O início da maturação dos bagos é em agosto e a maturidade fisiológica começa na segunda quinzena de outubro a novembro (Suckow, 2008).

O ciclo vegetativo desta variedade é de cerca de 150 dias e a temperatura óptima de atividade é de 2900°C. A Blaufrankisch gosta das zonas mais quentes - idealmente as colinas do sul e do sudoeste com boa iluminação. O solo deve ser leve e húmico e os solos pesados e húmidos são inaceitáveis. Prospera em solos de cascalho com maior teor de cálcio. A variedade é medianamente resistente à podridão de Botrytis e às geadas de inverno. As geadas tardias da primavera são piores porque a variedade tem folhas macias. A Blaufrankisch tem um crescimento forte e deve ser enxertada em porta-enxertos semanais como o SO4 e o Cr2. O porta-enxerto indevido é o K5BB. A variedade é adequada para a poda em liderança média com 1 cana ou liderança alta com 2 canas (6-8 gomos /m^2). O rendimento médio é de 914 t/ha. O teor de açúcar na colheita deve ser de 18-20% NM° e o teor de acidez de 9-12 g/l (Suckow, 2008).

2.3.2 Saint Laurent

A origem desta variedade não é conhecida com exatidão, mas é provável que tenha origem em França. As últimas análises genéticas confirmam a sua provável origem como uma semente de uma família da Borgonha. Laurent foi difundida de França para a Alemanha e a Áustria em meados do século XIXth . thEsta variedade foi cultivada na República Checa desde o início do século XX e é a variedade mais utilizada neste país - 1682 ha de vinhas. Foi registada em 1941. O crescimento da planta da vinha é médio-forte.

O topo dos rebentos é verde-claro aberto, pouco peludo e pigmentado por antocianinas. Os entrenós são curtos e finos, os nós são verdes no lado escuro e violetas no lado do sol. As folhas jovens são verdes com manchas bronzeadas. Os rebentos laterais são estriados, de forma elíptica, de cor castanha a castanha-avermelhada. Os botões de inverno são grandes, largos e sem bordos. A folha é de tamanho médio, verde-escura e coriácea. A lâmina é geralmente de 5 lóbulos, por vezes de 3 ou 7 lóbulos com entalhes pouco profundos a moderadamente profundos. A parte superior da lâmina tem entalhes suaves e a parte inferior é peluda. O caule da folha é mais curto, de cor vermelha a verde-violeta. No outono, a folha é sobretudo vermelho-escura. As 5 numerosas flores bissexuais em inflorescências racemosas são amarelo-esverdeadas, autopolinizadoras. O fruto - a baga é média (1,3 g), redonda, totalmente envolvida em cera. As bagas têm uma pele forte de cor azul-preta. A polpa não é colorida, é macia, fina, confortavelmente doce e sólida. A semente é redonda, de tamanho médio e o bico é mais comprido. Os caules dos bagos são mais compridos e difíceis de separar. O cacho de uva é médio (120-150 mm, 130 g) com uma forma cilíndrico-cónica curta (Danehower, 2010).

A variedade tem um período de crescimento mais curto do que as variedades vermelhas mais clássicas. O período de brotamento e floração é precoce e médio. A germinação ocorre na segunda década de abril e a floração em meados de junho. O amolecimento dos bagos começa na segunda metade de agosto e, nos locais mais quentes, no final da primeira década de agosto. A maturidade da colheita começa no sul, no final de setembro ou no início de outubro (Pospisilova, Sekera, 2005).

As exigências da posição e do solo são relativamente baixas. Os vinhos de melhor qualidade obtêm-se em solos mais leves e quentes, com cálcio. Os solos devem ser de cascalho ou arenosos. São muito adequados os terrenos inclinados com boa exposição solar. A casta é resistente ao míldio *(Plasmopara viticola)* por ter folhas coriáceas. É sensível ao oídio e à clorose. Em anos chuvosos, na altura do amadurecimento, os bagos das uvas densas estalam e aí se propaga a infeção do bolor cinzento *(Botrytis cinerea)*. A variedade tem uma resistência média às geadas de inverno, mas desde o início da germinação é sensível às geadas de primavera. Tolera a seca.

Com doses mais elevadas de fertilizantes, particularmente de azoto, e com mau tempo durante a floração, a variedade tem problemas com a frutificação. Os porta-enxertos adequados são SO 4 e T-5 C em solos fertilizados (Pavlousek, 2007).

As mais adequadas são as formas arbustivas com tronco médio-alto. A contagem recomendada de gomos é de 7-8 gomos por m^2 Os rendimentos são menos estáveis, mas relativamente elevados - em média 8-13 t / ha. O teor de açúcar atinge 17-20 °NM e a acidez total 9-12 g / l (Simonovic, 2009).

Imagem 6, Saint Laurent, (Anovcin, 2016)

2.3.3 Feteasca regala

Trata-se de uma variedade romena originária da aldeia de Danes, no início do século XX. Segundo fontes romenas, é uma variedade híbrida da Dievcie hrozno e das variedades originais romenas Gras de Cotnari. A área de extensão não é muito grande. Em menor escala, é cultivada na Roménia, na Moldávia e na Ucrânia. Na Eslováquia, a variedade representa 1,32% do total das vinhas. A variedade foi registada na lista de variedades registadas em 1974. Os arbustos são vigorosos. A folha tem um comprimento médio de 130-150 mm. A superfície da lâmina é lisa, com uma rede de ondulações e a parte inferior do meio é peluda. A folha tem 3-5 lóbulos. O caule da folha é mais curto, vermelho e verde. O cacho é médio, 120-150 mm, cilíndrico ou cilíndrico-cónico, frequentemente alado, de espessura média a espessa. Os bagos são de tamanho médio, com uma média de 14 mm, esféricos, simétricos e, quando atingem a maturidade, apresentam uma cor verde-amarelada. As flores desabrocham cedo e os bagos são macios, consoante os anos, no início de agosto e amadurecem na primeira ou segunda década de outubro.

Localização e solo: As posições inclinadas e os solos profundos, mais leves e com bom regime hídrico, nomeadamente nas encostas expostas a sul, proporcionam vinhos de excelente qualidade. Esta casta não gosta de solos pouco profundos e secos (Kindersley, 2009).

É adequada para um sistema de formação com tronco alto nos espaçamentos mais largos, mas não em povoamentos muito condensados. A poda recomendada é de 6-8 gomos de frutificação por m^2 de área. A Feteasca regala tem uma longa longevidade de produção e uma boa resistência às geadas invernais. É suscetível a doenças fúngicas (podridão) - especialmente a *Botrytis*. Os rendimentos atingem regularmente 10 t/ha ou mais. Em geral, contém uma maior quantidade de ácido - geralmente 8-13 g/l - e o teor de açúcar é geralmente cerca de 17,5 NM° (17,5 quilogramas de açúcares fermentáveis por 1 hectolitro de sumo). O principal pressuposto para um vinho de qualidade são uvas saudáveis (Simonovic, 2009).

Imagem 7, Feteasca Regala, (Anovcin, 2016)

2.3.4 Sauvignon

Conhecemos algumas informações sobre a sua origem, tal como acontece com outras variedades antigas. A análise molecular indica que um dos progenitores é o Cabernet Sauvignon. É originária da região de Bordéus, em França, sobretudo nas zonas ribeirinhas (Sauternes e Loira). Ocupa 1,5% da área total de vinha em França - aproximadamente 22.000 ha. O Sauvignon expande-se para todo o mundo. Encontra-se na Europa, na América do Norte (8% da área de vinhas brancas da Califórnia), na América do Sul, em África, na Austrália e na Nova Zelândia. Na Eslováquia, a variedade Sauvignon é cultivada em 182 ha, o que representa 1,2% da área total das vinhas eslovacas.

Característica ampelográfica: O rebento na fase 07 do BBCH (ponta verde) é fortemente felpudo de cor prateada com uma franja vermelha intensa nas folhas. A parte superior dos rebentos também é felpuda e as folhas jovens são de cor castanho-bronze. A folha é de tamanho médio, com forma circular a oval, com 3-5 lóbulos e é felpuda na base. A lâmina da folha é dobrável e profundamente cortante. A vieira tem a forma de um triângulo com os bordos laterais arredondados. O caule da folha é mais curto. A flor é andrógina, 5 numerosas e auto-fértil. É frequente a queda de flores em condições de concentração e mau estado. A borla é de tamanho pequeno a médio (10-18 cm de comprimento), alada e mais grossa num caule curto. A baga é de tamanho pequeno a médio, de cor amarelo-esverdeada a verde no caule curto, com sabor típico a urtiga. A semente é de tamanho médio, com bico grosso e frequentemente bifurcado, e tem cor castanha escura. A madeira com um ano de idade é ligeiramente castanha com partes mais escuras no nó com pontos e vírgulas (Kindersley, 2009).

Característica fenológica: O Sauvignon pertence às variedades com ciclo vegetativo mais curto. No início da germinação, pertence ao meio termo, que é protegido antes das geadas tardias e primaveris. O início da maturação da uva ocorre na primeira década de agosto. A maturidade fisiológica das uvas começa na segunda quinzena de setembro até à primeira década de outubro.

Plantámos o Sauvignon nas partes mais altas da encosta, em solos bons e sem geadas. As zonas com solos mais profundos engrossam o perfil das vinhas, o que tem consequências negativas para a qualidade e quantidade das colheitas. As zonas encharcadas são desfavoráveis ao cultivo. O Sauvignon prefere solos ligeiros e pouco nutritivos. Em solos ricos em nutrientes, é melhor quando a erva se encontra nas entrelinhas para abrandar o seu forte crescimento e para reduzir a pressão de infeção. O Sauvignon é uma variedade de crescimento forte com rebentos erectos e com uma folhagem rica em rebentos laterais. Os rebentos com um ano de idade são mais curtos e têm uma maturação satisfatória. A poda e a condução são necessárias para se adaptarem à intensidade do crescimento e à formação de laterais grossas. O melhor para o Sauvignon é o tipo cordão de alta liderança com esporões de armazenamento mais curtos. Os rebentos da parte inferior não são muito produtivos e nas canas compridas ocorre a queda das borlas. Recomenda-se a poda Guyot com 6-8 gomos e com 2 esporões de armazenamento. O número médio recomendado por hectare é de 4000 unidades. Para apoiar a boa maturação dos rebentos com um ano de idade e a proteção contra as doenças fúngicas, recomenda-se a realização de trabalhos em verde nas vinhas para obter melhores condições de luz e arejamento. Para o Sauvignon, é preferível utilizar porta-enxertos de crescimento fraco, como o SO4 e o T5C, em solos calcários. *Vitis berlandieri* x *Vitis riparia Schwartzman* ou *Vitis riparia Portalis para os* solos não cálcicos. A resistência às geadas invernais é baixa. A germinação tardia constitui uma proteção natural antes das geadas (Losh, 2004).

O Sauvignon é propenso ao oídio e à *Botrytis, que são* doenças fúngicas. A tolerância da casta à seca é muito boa, mas uma seca prolongada pode reduzir o rendimento. A casta Sauvignon pertence ao grupo de castas para a produção de vinhos de alta qualidade. O teor de açúcar não é muito importante para esta casta, mas sim a harmonia entre o teor de açúcar, os ácidos e os aromas. O bouquet é diferente do de outras variedades e a sua variabilidade depende dos anos, do contendor do solo e dos clones. O aroma é semelhante ao da urtiga e o sabor vai do pêssego à groselha. A casta Sauvignon pertence ao grupo das castas de maturação mais longa, onde a frescura é longa e o teor de ácidos mais elevado. A fertilidade desta variedade é média. O rendimento médio é de cerca de 8,5-10,5 t/ha, com um teor médio de açúcar de 18-19 °NM e um teor de ácidos de 9-12 g/l (Crosby, 2011).

2.4 Transformação da uva e produção de vinho

Breve descrição da transformação das uvas e da produção de vinhos de casta

Vinhos brancos - Sauvignon, Feteasca Regala
Imediatamente após a vindima, os cachos de uvas eram transportados para o local de transformação. O primeiro passo foi o desengace - obtenção do mosto. O passo seguinte foi a maceração curta (contacto com a pele) do mosto, a obtenção do mosto livre e a prensagem do mosto. O sumo obtido foi tratado por clarificação e sulfuração.
Os sumos obtidos foram trasfegados para cubas de fermentação onde se procedeu à fermentação alcoólica. Após a conclusão da fermentação alcoólica, os vinhos foram trasfegados do sedimento de fermentação para as cubas de vinho.

Vinhos tintos - St. Laurent e Blaufrankisch
Imediatamente após a vindima, os cachos de uvas eram transportados para o local de transformação. O primeiro passo foi o desengace - obtenção do mosto. O passo seguinte foi a maceração (contacto prolongado com a pele) do mosto com fermentação alcoólica parcial. Na etapa seguinte, o mosto é prensado e obtém-se a parte líquida do mosto (sumo parcialmente fermentado), que é transferido para cubas de fermentação para terminar a fermentação alcoólica. Após o fim da fermentação alcoólica, os vinhos foram trasfegados do sedimento de fermentação para as cubas.

2.5 Parâmetros avaliados - uvas e vinhos

Avaliámos a produtividade dos arbustos individuais seleccionados (em cada variedade havia 2 variantes com 15 arbustos). Determinámos o rendimento médio de uva por arbusto em kg por arbusto (das variedades avaliadas) e calculámos o rendimento de uva em kg por ha. No passo seguinte foi calculado o rendimento teórico de mosto ou sumo e vinho por hectare (de acordo com as informações das descrições ampelográficas das variedades).

As uvas foram transformadas em vinho e os vinhos foram analisados no analisador de vinhos APLPHA no Laboratório de Bebidas em AgroBioTech (Centro de Investigação da Universidade Agrícola Eslovaca em Nitra). Os parâmetros medidos foram o teor de álcool (vol. %), a densidade, o valor do pH, o teor de frutose (g.l^{-1}), glicose (g.l^{-1}), sacarose (g.l^{-1}), glicerol 1-1\1-1\1-1\1\1_ .

*1-1\1-1\

(g.l), ácido málico (g.l), ácido tartárico (g.l), ácido lático (g.l), ácido cítrico (g.l), ácido acético (g.l^{-1}), açúcares totais (g.l^{-1}), ácidos totais (g.l^{-1}).

2.6 Tratamento dos resultados:

Avaliamos os resultados obtidos com estatística descritiva (MS OFFICE - EXCEL) e com análise de variância (ANOVA, STATGRAPHICS). Definimos os principais parâmetros da caraterística avaliada com estatística descritiva - valor mínimo do sinal, valor máximo do sinal, diferença entre o valor mínimo e o valor máximo, valor médio, mediana e modus. Foi utilizado o método de Tukey.

Determinámos com o método de análise de variância as diferenças (diferenças estatisticamente muito significativas, estatisticamente significativas ou estatisticamente não significativas) entre as variantes do ponto de vista da avaliação dos sinais.

Capítulo 3

RESULTADOS E DISCUSSÃO

4.1 Avaliação do rendimento das uvas

Blaufrankisch

O rendimento médio da uva da variedade Blaufrankisch na variante com 16 gomos de frutificação foi de 5,73 kg por arbusto. O rendimento mínimo foi de 4,95 kg e o rendimento máximo de 6,34 kg. O intervalo entre o rendimento mínimo e máximo nesta variante é de 1,39 kg por arbusto. A variante com 22 botões de frutificação teve um rendimento máximo de 8,82 kg e um rendimento mínimo de 6,28 kg por arbusto. A diferença entre o rendimento mínimo e máximo é de 2,54 kg por arbusto.

Encontrámos diferenças estatisticamente elevadas entre a variante com 16 gomos de frutificação e 22 gomos de frutificação do ponto de vista do rendimento da uva - o rendimento médio mais elevado de uva por arbusto foi na variante com 22 gomos - 7,53 kg por arbusto (o rendimento médio no arbusto com carga de 16 gomos foi de 5,73 kg). A variante com maior carga teve maior rendimento cerca de 23,9% do que o arbusto com menor carga.

(Pospisilova, 2015) afirmou que o rendimento médio por hectare é de 10,5 t. O nosso rendimento médio teórico foi de 35,8 t/ha. A razão pode ser causada pelo espaçamento pequeno e estreito (6250 peças/ha) e a segunda razão pode ser o facto de os arbustos terem sido podados após o rejuvenescimento. Além disso, a autora afirma que o rendimento médio por arbusto é de 2,4 kg. Os arbustos observados apresentaram um rendimento médio por arbusto de 5,73 e 7,53 kg.

Quadro 3, Rendimento da casta Blaufrankisch - duas variantes

diferenças estatísticas entre variantes	Variante (número de gomos de frutificação)	Rendimento médio (em kg por arbusto)	Grupo homogéneo
++	16 botões	5.73	A

	22 botões	7.53	B

Nota: ++ diferenças estatisticamente significativas entre variantes

Saint Laurent

O rendimento médio da uva da variedade Saint Laurent na variante com 16 gomos de frutificação foi de 5,68 kg por arbusto. O rendimento mínimo foi de 4,87 kg e o rendimento máximo de 6,13 kg. O intervalo entre o rendimento mínimo e máximo nesta variante é de 1,26 kg por arbusto. A variante com 22 botões de frutificação teve um rendimento máximo de 8,47 kg e um rendimento mínimo de 6,15 kg por arbusto. A diferença entre o rendimento mínimo e máximo é de 2,34 kg por arbusto.

Encontrámos diferenças estatisticamente elevadas entre a variante com 16 gomos de frutificação e a variante com 22 gomos de frutificação do ponto de vista da produção de uvas - a maior produção média de uvas foi na variante com 22 gomos - 7,26 kg por arbusto (a produção média no arbusto com carga de 16 gomos foi de 5,68 kg). A variante com maior carga teve maior rendimento cerca de 21,7% do que o arbusto com menor carga.

(Pospisilova, 2015) afirmou que o rendimento médio por hectare é de 14,2 t. O nosso rendimento médio teórico foi de 35 t/ha. A razão também pode ser causada pelo espaçamento pequeno e estreito e a segunda razão pode ser o facto de os arbustos terem sido podados após o rejuvenescimento. Além disso, afirma que o rendimento médio por arbusto é de 2,75 kg. Os arbustos observados apresentaram um rendimento médio por arbusto de 5,68 e 7,26 kg. Também medimos rendimentos mais elevados (kg/arbusto) e (t/ha).

Quadro 4, Rendimento da uva da casta Saint Laurent - duas variantes

diferenças estatísticas entre variantes	Variante (número de botões de frutificação)	Rendimento médio (em kg por arbusto)	Grupo homogéneo
++	16 botões	5.68	A
	22 botões	7.26	B

Nota: ++ diferenças estatisticamente significativas entre variantes

Feteasca Regala

A produção média de uva da variedade Feteasca Regala na variante com 16 gomos de frutificação foi de 3,76 kg por arbusto. O rendimento mínimo foi de 3,22 kg e o máximo de 4,38 kg. O intervalo entre o rendimento mínimo e máximo nesta variante é de 1,16 kg por arbusto. A variante com 22 botões de frutificação teve um rendimento máximo de 6,76 kg e um rendimento mínimo de 4,91 kg por arbusto. A diferença entre o rendimento mínimo e máximo é de 1,85 kg por arbusto.

Encontrámos diferenças estatisticamente elevadas entre a variante com 16 gomos de frutificação e 22 gomos de frutificação do ponto de vista do rendimento da uva - o rendimento médio de uva mais elevado foi na variante com 22 gomos - 5,8 kg por arbusto (o rendimento médio no arbusto com carga de 16 gomos foi de 3,76 kg). A variante com maior carga teve maior rendimento cerca de 35,17% do que o arbusto com menor carga.

(Pospisilova, 2015) afirmou que o rendimento médio por hectare é de 10,4 t. O nosso rendimento médio teórico foi de 23 t/ha. A razão também pode ser causada pelo espaçamento pequeno e estreito e a segunda razão pode ser o facto de os arbustos terem sido podados após o rejuvenescimento. Além disso, afirma que o rendimento médio por arbusto é de 6 kg. Os arbustos observados apresentaram um rendimento médio por arbusto de 3,76 e 5,8 kg, valores mais próximos dos registados nas variedades vermelhas. Também medimos rendimentos mais elevados (t/ha) mas semelhantes (kg/arbusto).

(Vanek, 2003) publicou que o teor de açúcar na uva (pronta para a colheita) para a Feteasca Regala é de 19°NM. Os resultados medidos na nossa tese são conformes.

Quadro 5 Rendimento da uva da casta Feteasca regala - duas variantes

diferenças estatísticas entre variantes	Variante (número de gomos de frutificação)	Rendimento médio (em kg por arbusto)	Grupo homogéneo
++	16 botões	3.76	A
	22 botões	5.80	B

Nota: ++ diferenças estatisticamente significativas entre variantes

Sauvignon

O rendimento médio da uva da variedade Sauvignon na variante com 16 gomos de frutificação foi de 3,97 kg por arbusto. O rendimento mínimo foi de 3,15 kg e o máximo de 4,6 kg. O intervalo entre o rendimento mínimo e máximo nesta variante é de 1,45 kg por arbusto. A variante com 22 botões de frutificação teve um rendimento máximo de 7,07 kg e um rendimento mínimo de 4,72 kg por arbusto. A diferença entre o rendimento mínimo e máximo é de 2,35 kg por arbusto.

Encontrámos diferenças estatisticamente elevadas entre a variante com 16 gomos de frutificação e 22 gomos de frutificação do ponto de vista do rendimento da uva - o rendimento médio de uva mais elevado foi na variante com 22 gomos - 5,82 kg por arbusto (o rendimento médio no arbusto com carga de 16 gomos foi de 3,97 kg). A variante com maior carga teve maior rendimento cerca de 31,8% do que o arbusto com menor carga.

(Pospisilova, 2015) afirmou que o rendimento médio por hectare é de 12,1 t. O nosso rendimento médio teórico foi de 24 t/ha. A razão também pode ser causada pelo espaçamento pequeno e estreito e a segunda razão pode ser o facto de os arbustos terem sido podados após o rejuvenescimento. Além disso, afirma que o rendimento médio por arbusto é de 5,2 kg. Os arbustos observados apresentaram um rendimento médio por arbusto de 3,97 e 5,82 kg, valores mais próximos dos registados nas variedades vermelhas. Também medimos rendimentos mais elevados (t/ha) mas semelhantes (kg/arbusto).

(Vanek, 2003) publicou que o teor de açúcar na uva (pronta para a colheita) para o Sauvignon é de 21°NM. Os resultados medidos na nossa tese são conformes. O teor de açúcar medido na nossa tese foi de 20 °NM.

Quadro 6 Rendimento das uvas da casta Sauvignon - duas variantes

diferenças estatísticas entre variantes	Variante (número de gomos de frutificação)	Rendimento médio (em kg por arbusto)	Grupo homogéneo
++	16 botões	3.97	A
	22 botões	5.82	B

Nota: ++ diferenças estatisticamente significativas entre variantes

A avaliação estatística exaustiva de uma variante com uma carga de 16 gomos de todas as cultivares permitiu encontrar diferenças estatisticamente significativas entre as cultivares. As cultivares criaram dois grupos homogéneos. O primeiro grupo homogéneo foi formado pelas variedades brancas - o rendimento médio absolutamente mais baixo foi o da Feteasca Regala - 3,76 kg por arbusto (o Sauvignon teve um rendimento médio de 3,97 kg por arbusto) e o segundo foi formado pelas cultivares vermelhas - o rendimento médio absolutamente mais elevado foi o da

Blaufrankisch - 5,73 kg por arbusto (o rendimento médio da St. Laurent foi de 5,68 kg por arbusto).

Quadro 7 Rendimento das uvas das castas - na variante com 16 gomos de frutificação

diferenças estatísticas entre variantes	Variante (cultivar)	Rendimento médio (em kg por arbusto)	Grupo homogéneo
++	Feteasca Regala	3.76	A
	Sauvignon	3.97	A
	São Lourenço	5.68	B
	Blaufrankisch	5.73	B

Nota: ++ diferenças estatisticamente significativas entre variantes

A avaliação estatística exaustiva de uma variante com uma carga de 22 gomos de todas as cultivares permitiu encontrar diferenças estatisticamente significativas entre as cultivares. As cultivares criaram dois grupos homogéneos. O primeiro grupo homogéneo foi formado por variedades brancas - o rendimento médio absolutamente mais baixo foi o da Feteasca Regala - 5,8 kg por arbusto (Sauvignon teve um rendimento médio de 5,82 kg por arbusto) e o segundo foi formado por cultivares vermelhas - o rendimento médio absolutamente mais elevado foi o da Blaufrankisch - 7,53 kg por arbusto (o rendimento médio da St. Laurent foi de 7,26 kg por arbusto).

(Hrcka, 2011) afirmou que a moldagem média do sumo de uva é de aproximadamente 70 %. As moldagens medidas na nossa tese de diploma foram de 72,8 % a 81,4 %. (Blaufrankisch- 72,8 %, Saint Laurent- 76,9 %, Feteasca Regala- 77,5 % e Sauvignon 81,4%.

Quadro 8 Rendimento das uvas das castas - na variante com 22 gomos de frutificação

diferenças estatísticas entre variantes	Variante (cultivar)	Rendimento médio (em kg por arbusto)	Grupo homogéneo
++	Feteasca Regala	5.80	A
	Sauvignon	5.82	A
	São Lourenço	7.26	B

	Blaufrankisch	7.53	B

Nota: ++ diferenças estatisticamente significativas entre variantes

4.2 Resultados da análise do vinho

De acordo com os parâmetros listados no edital do Ministério da Agricultura da República Eslovaca sobre viticultura e enologia, descobrimos que

- Teor alcoólico adquirido mínimo exigido (em % vol.) nos vinhos de qualidade (akostne vino na língua eslovaca) é de 9,5 vol. %. Todos os nossos vinhos têm um teor alcoólico efetivo mais elevado - Feteasca Regala 11,7 vol. %; Blaufrankisch 12,5 vol. %; Sauvignon 12,7 vol. % e Saint Laurent 13,2 vol. %.
- O teor de ácidos voláteis não pode exceder 1,1 g/l nos vinhos brancos e 1,2 g/l nos vinhos tintos. Nos nossos vinhos brancos, o teor de ácido acético foi de 0,48 g/l no Sauvignon a 0,52 g/l no Feteasca regala e nos vinhos tintos de 0,59 g/l no Blaufrankisch a 0,69 g/l no Saint Laurent.
- A indicação dos vinhos em função do teor de açúcar é mencionada no anexo XV do Regulamento (CE) n.º 9EC0 da Comissão, n.º 607/2009. O vinho é seco se o seu teor de açúcar não exceder 4 gramas por litro, ou 9 gramas por litro, desde que a acidez total, expressa em gramas de ácido tartárico por litro, não seja inferior em mais de 2 gramas ao teor de açúcar residual. O vinho é meio seco se o seu teor de açúcar exceder o máximo acima fixado, mas não exceder 12 gramas por litro, ou 18 gramas por litro, desde que a acidez total, expressa em gramas de ácido tartárico por litro, não seja inferior em mais de 10 gramas ao teor de açúcar residual. O vinho é médio (meio doce) se o seu teor de açúcar for superior ao máximo acima fixado, mas não superior a 45 gramas por litro. De acordo com os resultados da análise do vinho, os vinhos produzidos a partir de uvas das castas avaliadas eram secos (o teor total de açúcar no vinho varietal St. Laurent era de 0 g/l e de 0,6 g/l no Sauvignon e Blaufrankisch) e o vinho varietal Feteasca regala era meio doce (o teor de açúcares residuais era de 19,7 g/l).
- A densidade relativa do vinho resulta da proporção da densidade do açúcar e do álcool. Os vinhos secos têm uma densidade relativa de 0,991 a 0,996. Os nossos vinhos têm 0,9914 em Sauvignon, 0,993 em Saint Laurent, 0,9932 em Blaufrankisch. Estes vinhos são vinhos secos. O Feteasca regala tem uma densidade relativa de 1,0007 - é um vinho meio doce.

- A glucose e a frutose nas uvas (ou nos sumos de uva) estão normalmente na proporção de 1:1. Durante a fermentação, a glucose transforma-se em frutose. O Sauvignon não contém glucose e contém 0,6 g/l de frutose. O Saint Laurent também não contém glucose e contém 1,2 g/l de frutose. O Blaufrankisch contém 0,1 g/l de glucose e 1,2 g/l de frutose. Trata-se de vinhos secos. O Feteasca Regala contém 1,1 g/l de glucose e 18,7 g/l de frutose. A frutose predomina nos vinhos meio-doces ou doces porque as leveduras transformam melhor a glucose. Na Eslováquia, os vinhos mais populares são os vinhos com açúcar residual (semi-doces - doces). Uma desvantagem do teor mais elevado de açúcar residual no vinho é a necessidade de um teor mais elevado de SO_2 para garantir a estabilidade do vinho.

- O glicerol é importante para as características sensoriais do vinho, pois confere-lhe corpo e suavidade. O teor recomendado de glicerol situa-se entre 4 e 12 g/l. Nos nossos vinhos atingimos desde 7,1 g/l no Feteasca Regala, 8,8 g/l no Sauvignon, 9,2 g/l no Blaufrankisch até 10,6 g/l no Saint Laurent.
- A acidez total confere ao vinho uma sensação de boca cheia e de cauda. O teor de ácidos também tem influência na estabilidade do vinho, no valor do pH, nas doses de SO_2 e na cor do vinho. O teor de ácidos no vinho é inferior ao teor original na uva e no sumo. O teor de ácidos é importante principalmente para os vinhos com maior teor de açúcares residuais - para o equilíbrio e a amplitude do sabor. O teor médio de ácidos totais é de 5-7 g/l. O Blaufrankisch tem um teor de ácidos totais de 5,3 g/l, o Feteasca regala tem 6,8 g/l, o Sauvignon 7,1 g/l e o Saint Laurent tem um teor de ácidos totais de 7,5 g/l.

- Os ácidos málico e lático são importantes na fermentação malo-láctica. O ácido málico é o ácido típico das uvas (e dos vinhos), principalmente nas más colheitas. Em boas colheitas (com condições climatéricas adequadas durante a maturação das uvas - sol e tempo quente) é reduzido nas uvas. Quando o teor de ácido málico é muito elevado, é possível utilizar a fermentação maloláctica, que é muito importante nas más colheitas e para os vinhos tintos, porque o sabor muito ácido dos vinhos tintos não é popular. O teor de ácido total diminui após a fermentação maloláctica, sendo cerca de metade do teor original de ácido málico.
  O ácido málico é transformado em ácido lático, que tem um sabor mais suave. O Saint Laurent tem 3,9 g/l de ácido málico e 0,36 g/l de ácido lático. Sauvignon tem 2,9 g/l de ácido málico e 0,35 g/l de ácido lático. A Feteasca regala tem 2,8 g/l de ácido málico e 0,2 g/l de ácido lático. Apenas a Blaufrankisch tem mais ácido lático (1,55 g/l) do que ácido málico (0,6 g/l). O Blaufrankisch tem uma fermentação malo-láctica mais longa do que as outras variedades.
- O pH deve ser de 3-3,5. Este valor de pH protege o vinho da microflora adversa. O valor do pH

também tem influência nas doses de dióxido de enxofre aplicadas. A Feteasca regala tem o pH mais baixo (3,09). O Sauvignon tem um pH de 3,1. O Saint Laurent tem um pH de 3,26 e o Blaufrankisch de 3,31. Todos estes valores de pH são adequados para a proteção dos vinhos.

Tabela 9. Parâmetros seleccionados dos vinhos varietais

Parâmetro	Blaufrankisch	São Lourenço	Feteasca Regala	Sauvignon
Ácido acético (g/l)	0,59	0,69	0,52	0,48
Álcool (%)	12,5	13,2	11,70	12,9
Ácido cítrico (g/l)	0,43	0,18	0,15	0,32
Densidade	0,99326	0,99303	1,00073	0,99149
Frutose (g/l)	1,2	1,2	18,7	0,6
Glucose (g/l)	0,1	0	1,1	0
Glicerol (g/l)	9,2	10,6	7,1	8,8
Ácido lático (g/l)	1,55	0,36	0,2	0,35
Ácido málico (g/l)	0,6	3,9	2,8	2,9
pH	3,31	3,26	3,09	3,1
Sacarose (g/l)	1,1	0,4	1,1	1,2
Ácido tartárico (g/l)	1,51	1,27	2,19	1,95
Ácido total (g/l)	5,3	7,5	6,8	7,1
Açúcar total (g/l)	0,6	0	19,7	0,6

Conclusão

O rendimento médio mais elevado num arbusto com 22 gomos é o da variedade

Blaufrankisch. Foi de 7,53 kg. Tem também o rendimento médio mais elevado em arbusto com carga de 16 gomos (5,73 kg). A Saint Laurent tem um rendimento médio no arbusto com 22 gomos de 7,26 kg, inferior ao da Blaufrankisch em apenas 0,27 kg (3,6%) e a variedade com 16 gomos tem um rendimento médio no arbusto de 5,68 kg, inferior em cerca de 0,05 kg. Estas duas variedades vermelhas tiveram resultados bastante semelhantes.

As variedades brancas também tiveram resultados semelhantes, mas diferentes das variedades vermelhas. A Feteasca regala tem um rendimento médio no arbusto de 5,8 kg no arbusto com 22 gomos e 3,76 kg no arbusto com 16 gomos. Foi o rendimento médio mais baixo destas quatro variedades. O Sauvignon tem um rendimento médio no arbusto com 22 gomos de 5,82 kg e no arbusto com 16 gomos de 3,97 kg, ou seja, cerca de 0,21 kg no arbusto (5,29%).

Verificam-se aqui diferenças entre os dois grupos. As variedades de vinho tinto Blaufrankisch e Saint Laurent têm um rendimento médio no arbusto com 22 gomos de 7,53 kg e 7,26 kg. As variedades de vinho branco têm um rendimento médio no arbusto de 5,8 kg e 5,82 kg. Isto significa que as castas brancas (Sauvignon e Feteasca Regala) têm um rendimento cerca de 22,7% e 23% inferior ao da casta tinta (Blaufrankisch).

Os nossos vinhos satisfazem todos os parâmetros enumerados no decreto do Ministério da Agricultura da República Eslovaca sobre Viticultura e Enologia de vinhos de qualidade. Produzimos 1 vinho semi-doce (Feteasca Regala) e 3 vinhos secos - vinho branco (Sauvignon) e vinhos tintos (Blaufrankisch e Saint Laurent).

- O teor alcoólico mais baixo observado foi no Feteasca Regala (11,7 vol. %), o Blaufrankisch tem 12,5 vol. %, o Sauvignon 12,9 vol. % e o Sauvignon 13,2 vol. %.
- Os ácidos voláteis foram observados entre 0,48 g/l (Sauvignon) e 0,69 g/l (Saint Laurent).
- O açúcar residual era baixo nos vinhos secos (de 0 a 0,6 g/l) e no vinho meio doce era de 19,7 g/l (Feteasca Regala).
- A densidade relativa foi medida nos vinhos secos de 0,9914 a 0,9932. O vinho doce médio (Feteasca Regala) apresentou uma densidade relativa de 1,0007.
- A frutose nos vinhos secos era de 0,6 g/l a 1,2 g/l. O vinho meio doce (Feteasca Regala) apresentava um teor de frutose de 18,7 g/l.
- O glicerol nos nossos vinhos foi medido entre 7,1 g/l no Feteasca Regala, 8,8 g/l no Sauvignon, 9,2 g/l no Blaufrankisch e 10,6 g/l no Saint Laurent.
- O Blaufrankisch tem um teor de ácidos totais de 5,3 g/l, o Feteasca regala tem 6,8 g/l, o Sauvignon 7,1 g/l e o Saint Laurent tem um teor de ácidos totais de 7,5 g/l.

- As quantidades de ácidos obtidas no vinho foram as seguintes Saint Laurent tem 3,9 g/l de ácido málico e 0,36 g/l de ácido lático. Sauvignon tem 2,9 g/l de ácido málico e 0,35 g/l de ácido lático. O Feteasca regala tem 2,8 g/l de ácido málico e 0,2 g/l de ácido lático. Apenas a Blaufrankisch tem mais ácido lático (1,55 g/l) do que ácido málico (0,6 g/l). O Blaufrankisch tem uma fermentação malo-láctica mais longa do que as outras variedades.
- O pH dos nossos vinhos foi medido entre 3,09 no Feteasca Regala, 3,1 no Sauvignon, 3,26 no Saint Laurent e 3,31 no Blaufrankisch

BIBLIOGRAFIA

1. ANDREW S., FULLER, 2011, Pruning and Training, ISBN- 978-11-4465-34-397
2. ANDREW S., FULLER, 2011, Time to prune, ISBN 144-6534-391
3. ARORA N. K., 2016: Rejuvenation study in grapes *(Vitis vinifera L.)* for reviving the productivity of old vineyards, Department of Fruit Science, Punjab Agricultural University, Ludhiana, Punjab, India
4. BERNAT S.: 2008 Vinohradnictvo, SPU Nitra, 2008, 137 s. ISBN 978-80-552-0150-4
5. BOULTON B. e col., 2013, Principles and Practices of Winemaking, Library of Congress Cataloging, ISBN-978-1-4757-6255-6
6. BUTZCHE CH., 2010, Winemaking solved problems, Woodhead publishing limited, CRC Press, ISBN-978-1-4398-3416-9
7. CLARKE J., BAKKER J., 2014, Wine: Flavour Chemistry, Blackwell Publishing, ISBN-978-1 - 4443-3042-7
8. CROSBY E., 2011, The Sauvignon Secret: A Wine Country Mystery, Pocket books, ISBN-
9. DANEHOWER C., 2010: Essential wines and wineries, ISBN: 13-978-0-88192-966-9
10. GOODE J., 2005, The science of wine, University of California press, ISBN-0-52024800-7
11. HEELMAN E., n. d. Estrutura e função da videira
12. HRCKA, 2011, disponível na Internet http://www.vino.obnova.sk/7Vino/Priprava hroznoveho vina
13. HRONSKY S., BERNATH S. DURIS, 2002 Vinohradnictvo, 2002, Slovenska

pol'nohospodarska univerzita v Nitre

14. JACKISCH P., 1985, Modern winemaking, Cornell university, ISBN-0-8014-1455-5

15. KINDERSLEY D., 2009: Wines of the world, 687 cartas, ISBN 978-1-4053-4183-7

16. MIRANDA C., 2013, Colagem de bentonite durante diferentes fases de vinificação de vinhos brancos: Efeito sobre as propriedades químicas e sensoriais do vinho, Universitat Rovira i Virgili

17. PAVLOUSEK, P., 2007: Encyklopedie rdvy vinnd. Computer Press Brno, 320 str. ISBN: 978-80-251-1704.

18. POSPISILOVA, D., SEKERA, D., RUMAN, T., 2005: Ampelografia Slovenska. Vyskumna a sfachtitefska stanica vinarska a vinohradnicka Modra, 367 str. ISBN: 80-969350-9-7

19. REYNOLDS A., 2015: Programas de melhoramento de videiras para a indústria vinícola, ISBN: 9781-78242-075-0

20. SNYDER, R.L., J.H. Connell, 1993. A altura da cobertura do solo afecta as temperaturas do solo do pomar antes do amanhecer. California Agriculture 47(1):9- 12.

21. SUCKOW M., 2008, Blaufrankisch, Books on Demand, 2008, ISBN-978-38-3348-3660

22. TAYLOR R., n.d. The Truth About Grape Growing and Wine Making (A verdade sobre a cultura da uva e a produção de vinho)

23. THOMAS B., 2015, Viticultura - Cultura da vinha - Tipos e métodos de poda e de condução

24. VANEK G., 2003, Pestujeme vinic, From servis 2003, ISBN: 8085217856

25. VINE R., HARKNESS E., 1997, Winemaking: From Grape Growing to Marketplace, Library of Congress Catalogy, ISBN-978-1-4757-2656-5

26. ZARUBA F. a kol. 2001Vinohradnictvo, Bratislava: Priroda 2001, ISBN 80- 0700686- 9

27. ZARUBA F. 2000 Zakladanie vinohradov v malo i vel'kovyrobnych podmienkach: Vinohrad 3/2000, str. 52

LITERATURA NA INTERNET:

URL 1, http://www.thewinedoctor.com/advisory/technicaltraining.shtml

URL 2, http://alvento.ca/portfolio/tying/

URL 3, https://sk.pinterest.com/pin/97882991872272495/

URL 4, https://sk.wikipedia.org/wiki/Pukanec

URL 5, https://en.wikipedia.org/wiki/Blaufr%C3%A4nkisch

ADIÇÕES

Imagem 9, 10 Poda de rejuvenescimento

MIX
Papier aus verantwortungsvollen Quellen
Paper from responsible sources
FSC® C105338

Printed by Books on Demand GmbH, Norderstedt / Germany